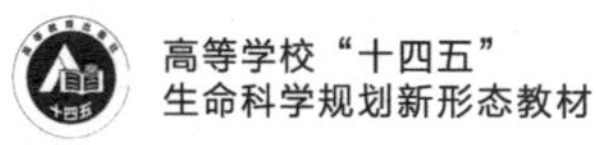

高等学校“十四五”
生命科学规划新形态教材

“大国三农”
系列规划教材

现代[illegible]研究技术

（第2版）

主　　编　刘国琴　于静娟

副 主 编　曹勤红　吴晓岚　王　娜　杨海莲

编　　导（按姓氏拼音排序）

曹勤红　陈艳梅　陈智忠　韩玉珍　姜　伟　李继刚　李秋艳
李　媛　李赞东　李　溱　刘佳利　刘升学　毛同林　田杰生
王保民　王　娜　王　毅　王　颖　王幼群　吴　玮　杨永青
于舒洋　张美佳　张晓燕　张学琴　张永亮　赵要风　朱　蕾

视频制作　纪晓峰

策划团队　中国农业大学生物学院教学中心
　　　　　中国农业大学国家级生命科学实验教学示范中心

协助单位　中国农业大学植物生理学与生物化学国家重点实验室
　　　　　中国农业大学农业生物技术国家重点实验室

中国教育出版传媒集团
高等教育出版社·北京

内容简介

本教材包括30余项现代生命科学研究技术，涵盖了从个体、组织到细胞水平，从基因到蛋白质，从动植物到微生物，从体内到体外的实验原理、步骤和操作视频，体现现代生命科学研究的新技术、新方法。

本教材将实验原理与操作技术、文字与视频、示范与讲解相结合，有利于读者全面掌握相关技术的原理、操作方法和技术要点。

本教材在第1版基础上，新增了6个实验项目，包括细胞水平的“利用流式细胞术分析小鼠外周血中各类细胞的比例”；分子水平的“大肠杆菌 β- 半乳糖苷酶诱导合成、分离纯化及动力学研究”“ELISA法测定样品中甲胎蛋白含量”“小分子RNA的纯化和分子检测”和“利用酵母单杂交体系检测转录因子与DNA顺式作用元件间的互作”以及个体水平的“玉米苗期干旱表型分析”。新版内容更加系统、全面。

本教材既可以作为生命科学领域本科生、研究生的课程教学用书和从事科研工作的指导，也可以作为教师教学及科学研究的参考书。

图书在版编目（CIP）数据

现代生命科学研究技术 / 刘国琴，于静娟主编 . --
2版 . -- 北京：高等教育出版社，2022.12

ISBN 978-7-04-059685-4

Ⅰ. ①现… Ⅱ. ①刘… ②于… Ⅲ. ①生命科学－高等学校－教材 Ⅳ. ① Q1-0

中国国家版本馆CIP数据核字（2023）第005750号

XIANDAI SHENGMING KEXUE YANJIU JISHU

策划编辑 李 融　责任编辑 李 融　封面设计 姜 磊　责任印制 朱 琦

出版发行 高等教育出版社
社　　址 北京市西城区德外大街4号
邮政编码 100120
印　　刷 涿州市京南印刷厂
开　　本 787mm×1092mm 1/32
印　　张 3.625
字　　数 420千字（附数字课程）
购书热线 010-58581118
咨询电话 400-810-0598
网　　址 http://www.hep.edu.cn
　　　　 http://www.hep.com.cn
网上订购 http://www.hepmall.com.cn
　　　　 http://www.hepmall.com
　　　　 http://www.hepmall.cn
版　　次 2014年9月第1版
　　　　 2022年12月第2版
印　　次 2022年12月第1次印刷
定　　价 78.00元

物 料 号 59685-00

数字课程（基础版）

现代生命科学研究技术

（第 2 版）

主编　刘国琴　于静娟

登录方法：

1. 电脑访问 http://abooks.hep.com.cn/59685，或手机微信扫描下方二维码以打开新形态教材小程序。
2. 注册并登录，进入“个人中心”。
3. 刮开封底数字课程账号涂层，手动输入 20 位密码或通过小程序扫描二维码，完成防伪码绑定。
4. 绑定成功后，即可开始本数字课程的学习。

绑定后一年为数字课程使用有效期。如有使用问题，请点击页面下方的“答疑”按钮。

现代生命科学研究技术（第2版）

本数字课程与纸质教材一体化设计，紧密配合，内容包括书中各项技术的操作视频和实验指导等，可供生命科学研究领域的师生、科学工作者使用和参考。

用户名：　密码：　验证码：　5360　忘记密码？　登录　注册

http://abooks.hep.com.cn/59685

扫描二维码，打开小程序

国家自然科学基金“国家基础科学
人才培养基金”项目（J1103520）
教育部“高等学校专业综合改革试点”项目
中国农业大学“985工程研究生课程建设”项目
中国农业大学“大国三农”系列规划教材建设项目

第2版前言

关于编写本书的初衷和历程，在第1版前言中已有介绍，不再赘述。第1版教材出版后，许多老师将书中的视频应用于教学和科研，获益良多。

由于现代生命科学技术发展迅速，新技术如雨后春笋般涌现。因此，我们决定对第1版教材进行修订。

第2版教材延续了第1版的基本框架和体系，在保持原内容的基础上，增加了6个实验项目：①细胞水平的检测技术，即1.13利用流式细胞术分析小鼠外周血中各类细胞的比例；②蛋白质、核酸等生物大分子检测和功能研究，即2.8大肠杆菌β-半乳糖苷酶诱导合成、分离纯化及动力学研究，2.10 ELISA法测定样品中甲胎蛋白含量，3.6小分子RNA的纯化和分子检测及4.7利用酵母单杂交体系检测转录因子与DNA顺式作用元件间的互作；③个体水平抗逆相关表型的检测，即5.3玉米苗期干旱表型分析。修订后全书内容更加系统、全面。

本书的修订得到中国农业大学“大国三农”系列规划教材建设项目的资助，以及中国农业大学生物学院、国家级生命科学实验教学示范中心、中国农业大学本科生院的大力支持及实验教学示范中心老师的亲力协助。教授级高级实验师王宝青负责保障实验仪器的运行，纪晓峰负责拍摄、剪辑和制作视频。在此一并感谢!

感谢高等教育出版社对本书出版的支持。

本书虽然经过反复检查和修改,难免会存在疏漏和不足之处,恳请各位读者批评指正,以便我们进一步完善。

编　者

2022 年 4 月于北京

第 1 版 前 言

生命科学在快速发展,新理论、新知识、新技术不断涌现。生命科学研究早已不是依靠单一技术就能解决问题的时代,无论研究动物、植物还是微生物,都需要综合利用现代研究技术,从不同层次、不同角度进行综合分析,例如从个体、组织观察到细胞特异性标记,从生物化学分析到目的基因操作,从蛋白质结构比较到分子互作关系,等等。生命科学是实验性科学,先进实验技术的准确操作往往是取得重要创新成果的关键。在整个研究的过程中,技术细节往往决定成败。

近十年来,随着国家对生命科学研究投入的不断加大,国外优秀人才被大批引进,我国生命科学研究进入到一个新阶段。一方面,很多高校、科研院所,科研经费充裕,科研仪器现代化,实验技术先进,研究人员数量可观,呈现"欣欣向荣"的景象;另一方面,学术骨干们忙于追踪科学前沿、申请科研课题、搭建科研平台、指导学位论文,处于高强度的工作漩涡中,而高水平实验技术人员匮乏,研究主体多是新入行的学生而非技术娴熟的专业人员。上述状况会直接影响科研室精细化管理,导致实验技术交流、应用和准确传承的不畅。这不仅极易造成科研经费的无谓浪费,更会严重影响科研成果的产出水平和人才培养的质量。

为了促进生命科学科研成果的产出和高水平专门人才的培养,中国农业大学生物学院教学中心联合"植物生理学与生物化学国家重点实验室"和"农业生物技术国家重点实验室”，从 20 多个优秀研究生导师的实验室筛选了 30 余项现代生命科学研究技术，组织 40 余名科研第一线教师和高年级博士研究生，通过自编、自导、自演，编成《现代生命科学研究技术》(视频版)一书，将技术环节、要点和难点如实呈现，不仅有实际操作录像、现场解说、关键步骤文字标注，同时配套文字实验指导。生命科学不同领域的研究技术在细胞、蛋白质、基因、分子互作等水平上具有共性和借鉴性，相信本书在传承实验技术的同时，还能使低年级研究生和提前进入实验室实习的本科生们得到及时、具象的指导，也给生命科学科研工作者们带来帮助。

《现代生命科学研究技术》(视频版)具有以下特点：

(1) 以视频为主，具象指导性强。35 项视频，每项时长 6 ~ 20 分钟，共计 500 分钟左右。每项都配套文字实验指导，详细说明试剂配置条件、操作注意事项及参考文献出处等。读者可通过登录本书配套的数字课程网站，在线观看学习所有视频，并下载、打印相关文档。

(2) 研究技术先进，适用性强。技术类别分为组织细胞水平、蛋白质水平、核酸水平、分子互作和其他技术 5 部分，包括免疫荧光标记、共焦激光扫描、基因定向敲除、凝胶阻滞、突变体筛选、免疫共沉淀、病毒侵染分子检测、胞质内单精子注射显微受精、胚胎体外培养、酵母双杂交、双分子荧光标记等(详见本书目录)，代表了现代生命科学研究技术水平。技术层次从组织到细胞，从基因到蛋白质，从动植物到微生物，从体内到体外，适用范围广。

(3) 技术可靠，操作规范。参与本书编制的 40 多位科研第一线教师和高年级博士研究生多为国家重点实验室科研骨干，学术水平高，技术操作准确娴熟。

(4) 专业制作，视频质量高。现场拍摄和后期制作均由影视专业人员完成，确保了系列视频质量和格式的规范统一。

《现代生命科学研究技术》(视频版)的制作完成，得到国家自然科学基金“国家基础科学人才培养基金”项目(J1103520)、教育部“高等学校专业综合改革试点”项目和中国农业大学“985工程研究生课程建设”项目的资助，更得益于中国农业大学生物学院勤于奉献的科研骨干和教师队伍，以及“植物生理学与生物化学国家重点实验室”“农业生物技术国家重点实验室”的协助，在此表示衷心感谢！

本书编写和制作历经两年，生物学院教学中心从初始立项到项目筛选，从规范脚本到实验指导编写，从现场拍摄到后期制作，从视频审核到文字审稿，做了大量组织、指导和审核工作。尽管如此，视频或文字实验指导难免存在一些错误，竭诚希望广大观者和读者批评指正。

编　者

2013年3月于北京

目 录

1 组织细胞水平

1.1 膜片钳技术——拟南芥花粉原生质体全细胞钾电流记录

膜片钳技术(patch clamp technique)由德国马普生物物理研究所的 Erwin Neher 和 Bert Sakmann 在 1976 年创立。该技术的出现极大地推动了生物膜离子通道的研究。膜片钳技术可测量多种离子通道电流,其值可小到 pA(10^{-12}A)级,已达到当今电子测量的极限。这两位科学家也因此而获得了 1991 年诺贝尔生理学或医学奖。膜片钳技术利用玻璃微电极与生物膜封接来测量生物膜上的微弱电信号。测量时,尖端处理过的微电极与细胞膜发生紧密接触,其封接阻抗达到吉欧姆(GΩ)以上,使微电极尖端下的细胞膜片在电学特性上与其他细胞膜分离。

为了测量离子通道电流或跨膜电压,必须将生物膜片钳制于某一固定的电位或电流上,因此称为膜片钳技术。膜片钳可以使用电流钳技术或电压钳技术分别测量跨膜的电位和电流。电流钳技术是通过向细胞内注射恒定或变化的电流刺激,记录由此引起的膜电位变化。而电压钳技术是通过向细胞内注射一定的电流,抵消离子通道开放时所产生的离子流,从而将细胞膜电位固定在某一数值。由于注射电流的大小与离子通道产生的离子流大小相等、方向相反,因此它可以反映通道离子流的大小与方向。

膜片钳技术最早应用在动物神经细胞和肌细胞电生

理活动的研究上。现在，该技术已经广泛应用于各类细胞（包括植物细胞、微生物细胞等）和生物膜，并成为研究生物膜上各类离子通道活性和分子调控机制的重要手段。膜片钳技术发展到今天，已经成为现代电生理学研究的常规方法，并在生物医学、细胞生物学、生理学等研究领域发挥着重要作用。

本实验采用膜片钳技术，以拟南芥花粉为实验材料，对花粉原生质体的全细胞钾离子电流进行记录。

技术视频

10 分 26 秒

实验指导

王　毅　沈立珂

中国农业大学生物学院

1.2 拟南芥根尖细胞微管的免疫荧光标记技术

免疫荧光标记技术(immunofluorescent labeling technique)是将已知的抗体或抗原分子标记上荧光素,当其与相对应的抗原或抗体起反应时,形成的复合物上就带有一定量的荧光素,在荧光显微镜下可以直接观察呈现特异荧光的抗原抗体复合物及其存在部位。

荧光抗体标记方法分为直接法和间接法两种,本实验中使用的方法是间接免疫荧光标记。间接免疫荧光标记检测过程分为两步:第一步,将待检测抗体(一抗)加在含有已知抗原的标本片上作用一定时间,洗去未结合的抗体;第二步,滴加荧光素标记的二抗。如果第一步中的抗原抗体已发生结合,此时加入的标记二抗就和已固定在抗原上的抗体(一抗)分子结合,形成抗原-抗体-标记二抗复合物,并显示特异荧光。此方法的优点是敏感度高,并且无须特意制备一种荧光素标记的抗球蛋白抗体,就可用于检测同种动物的多种抗原抗体系统。

微管骨架在植物生长发育过程中起重要作用,细胞生物学研究中经常需要观察检测细胞骨架的状态和组织排列情况。免疫荧光标记技术是常用的观察植物细胞微管骨架结构的方法。

本实验采用间接免疫荧光标记技术,以拟南芥根为实验材料,观察植物细胞微管骨架。

朱　蕾
中国农业大学生物学院

1.3 拟南芥气孔运动调控实验技术

植物激素脱落酸(abscisic acid,ABA)不仅影响植物的种子萌发、根生长、植物开花和种子成熟过程,而且在植物适应干旱、盐等逆境胁迫方面也起着重要的作用,被称为植物的一种“逆境激素”。干旱胁迫是植物生长发育过程中受到的主要逆境胁迫之一,严重影响农作物的产量。植物叶片表面的保卫细胞,通过控制气孔的开度大小,调控植物的蒸腾作用、对 CO_2 的吸收和 O_2 的释放过程,在植物适应干旱胁迫中起着重要的作用。当植物受到干旱胁迫时,植物激素 ABA 会诱导植物气孔关闭,使植物降低蒸腾作用,以适应干旱胁迫。

本实验利用拟南芥野生型(Col-O,简称 WT)和 ABA 信号相关突变体(*ghr1*,简称 MT)为实验材料,按照 ABA 诱导植物气孔运动的原理,分别对拟南芥野生型和 ABA 信号相关突变体叶片的气孔进行 ABA 处理,通过光学显微镜观察两者气孔运动对 ABA 的反应情况。这是目前国际上研究 ABA 诱导拟南芥气孔关闭信号过程的常规方法之一,具有操作简便、结果直观、数据统计容易等特点,被大家广泛采用。

本实验采用拟南芥气孔运动调控实验技术,以拟南芥野生型和 ABA 相关突变体为实验材料,以实现比较分析两者气孔关闭过程中对 ABA 信号反应差异性的目的。

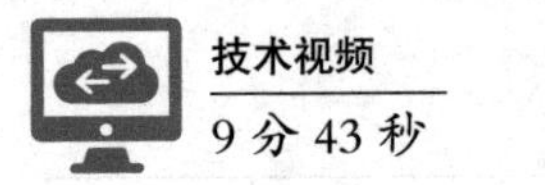

陈智忠　华德平

中国农业大学生物学院

1.4 小鼠卵母细胞体外培养技术

胚胎卵巢中的卵母细胞启动第一次减数分裂，并在出生前后形成原始卵泡。此后，在卵泡发育的各个阶段中，卵母细胞会一直阻滞于第一次减数分裂前期的双线期，此时的卵母细胞核很大，染色质高度疏松，核被完整的核膜所包裹，称为生发泡(germinal vesicle，GV)。直到青春期，卵泡中充分生长的卵母细胞才在排卵激素黄体生成素(luteinizing hormone，LH)的作用下，恢复减数分裂，染色体浓缩(chromosome condensation)，核膜发生溶解而导致生发泡破裂(germinal vesicle break down，GVBD)。随着减数分裂的进行，染色体会进一步发生分离并进行不对称分裂，排出第一极体(polar body 1，PB1)(图 1-1)，然后停滞在第二次减数分裂的中期(MⅡ)，直到受精后再次恢复减数分裂，并排出第二极体。

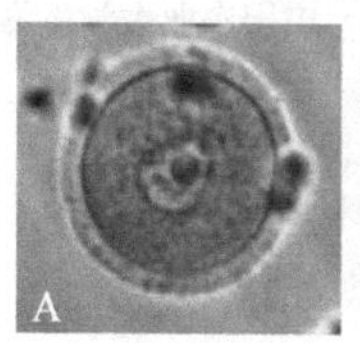

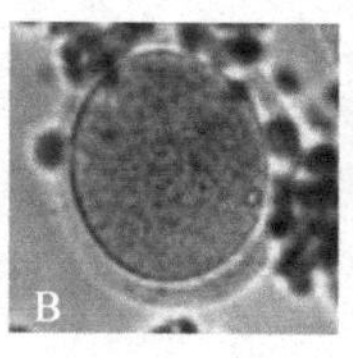

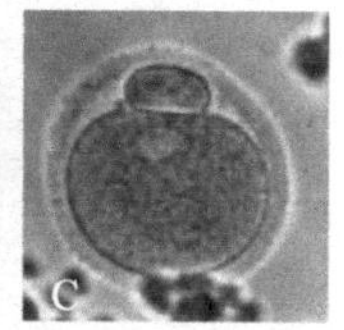

图 1-1　不同时期小鼠卵母细胞核形态

A. GV 期；B. GVBD 期；C. PB1 期

充分生长的卵母细胞具备了成熟的能力，但是来源于靠近卵泡壁层的颗粒细胞分泌的C-型钠肽(NPPC),与表达在围绕卵母细胞周围的卵丘细胞上的受体NPR2结合,产生cGMP,通过缝隙连接进入到卵母细胞中,抑制卵母细胞中磷酸二酯酶PDE3A的活性,阻止cAMP的降解,从而维持减数分裂的阻滞。卵母细胞中的cAMP来源于自身激活G蛋白偶联受体GPR3和GPR12,以及腺苷酸环化酶(adenylate cyclase,ADCY)。如果将卵丘-卵母细胞复合体(cumulus-oocyte complex,COC)从卵泡中释放出来,卵母细胞就会自发恢复减数分裂(成熟)。

本实验利用广谱性的磷酸二酯酶抑制剂次黄嘌呤(hypoxanthine,HX)来阻止小鼠卵母细胞体外自发成熟,研究促卵泡素(follicle-stimulating hormone,FSH)诱导卵母细胞成熟的分子机制。也可利用生理性的抑制剂NPPC来阻滞卵母细胞自发成熟,研究类表皮生长因子(epidermal growth factor-like factor,EGF-like factor)诱导卵母细胞成熟的分子机制。

技术视频

10分26秒

实验指导

张美佳 陈 倩

中国农业大学生物学院

1.5 猪体细胞核移植技术

体细胞核移植技术是通过将动物的体细胞或细胞核转移到去除了纺锤体的卵母细胞内，再经过人工激活而生产克隆胚胎动物的方法。它与常规的两性生殖有本质的区别，体细胞核移植来源的个体，其遗传物质DNA完全来自供体细胞的细胞核，没有两性生殖中的父本和母本，是对核供体动物的完全复制，因此也称为“体细胞克隆”。

体细胞核移植技术能够成功的先决条件是：高度分化的供体细胞核能够去分化后进行表观修饰的重编程，从而获得发育的全能性。供体细胞核重编程涉及的表观修饰主要包括：DNA甲基化、X染色体失活、印记基因表达和端粒长度变化等。哺乳动物体细胞核移植技术是一个系统工程，主要包括供体细胞的准备、受体卵母细胞的准备、重构胚构建、重构胚的融合和激活、胚胎培养、重构胚的胚胎移植等环节。任何一个环节都可能影响体细胞克隆的效率。不同物种、不同研究小组在操作细节和方法上会有差异。

体细胞核移植技术具有广泛的用途，如转基因动物制备、珍稀濒危动物保种、动物生殖及发育机制研究等，目前已经有多种体细胞克隆动物出生的报道。

本实验采用哺乳动物体细胞核移植技术，以猪胎儿成纤维细胞和屠宰场来源的体外成熟卵母细胞为实验材料，以实现获得与供体细胞核遗传物质完全相同个体的目的。

实验指导

李秋艳　李　燕　王晓燕　陈　静　等
中国农业大学生物学院

1.6 卵细胞质内单精子注射显微受精技术

卵细胞质内单精子注射显微受精技术（intra cytoplasmic sperm injection，ICSI）显微受精技术是继体外受精（*in vitro* fertilization，IVF）之后发展起来的一种新的辅助生殖技术，不同发育阶段的雄性生殖细胞通过显微操作系统直接被注射到成熟卵母细胞的胞质内，从而完成两性生殖细胞的受精过程。该技术在动物受精机制研究、男性生殖障碍治疗、濒危物种遗传资源保存、畜牧业生产等方面具有广阔的应用前景。迄今为止，该项技术已在人及小鼠、兔、牛、羊、马、猕猴等多种动物上获得成功。

该技术包括卵母细胞准备、精子准备（或其他发育阶段雄性生殖细胞）、显微注射、辅助激活、胚胎培养、胚胎移植等操作步骤，其中每个环节都会影响其最终效率。

本实验采用胞质内单精子注射显微受精技术，以兔体内成熟卵母细胞和人工采集的兔精子为实验材料，以实现通过直接注射单个精子到卵母细胞中的方式获得两性生殖后代的目的。

技术视频

13 分 50 秒

实验指导

李秋艳　李　燕　王晓燕　陈　静　等

中国农业大学生物学院

农业生物技术国家重点实验室

1.7 禽类胚胎体外培养技术

禽蛋的基本结构相似，一般由卵黄、系带、卵白、壳膜、气室、卵壳等部分组成。卵黄处于蛋的中心，其外面包裹着一透明薄膜称为卵黄膜。卵黄通过两端系带悬于卵白中间，可以自由转动。卵黄膜外面被输卵管分泌的卵白包裹，可为胚胎发育提供营养物质、水分，并对机械震荡进行缓冲。卵白的外层是两层紧密接触的壳膜，两者在蛋的钝端分开，形成气室（图 1–2）。蛋的最外层为坚硬的卵壳，有一定的抗压能力，卵壳中的钙也是以后胚胎发育过程中所需钙的重要来源。与哺乳动物胚胎在母体内发育模式不同，禽类受精卵首先在输卵管中发育约 24 h，在完成卵黄、卵白的包裹及卵壳的钙化沉积等步骤后产出体外，并于体外在一定条件下继续完成后续的发育进程，直至出雏。

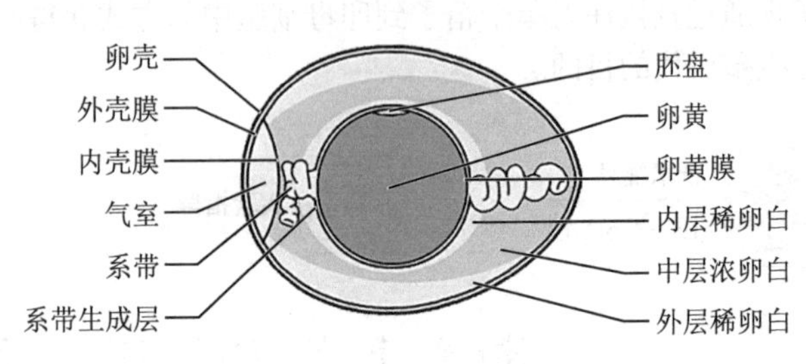

图 1–2　禽蛋纵切结构图

正是由于禽类胚胎于母体外发育的这种独特模式，使得禽蛋成了研究胚胎发育机制的重要模型。为摆脱封闭卵壳的干扰，人们不断尝试并开发出一种可随时对禽类胚胎进行观察并操作的禽蛋培养方法。自 1896 年 Assheton 首先尝试在玻璃、陶瓷、塑料等器皿中培养鸡胚胎起，禽类胚胎的体外培养技术得到了不断的改进。到 1994 年李赞东等将孵化 72 h 后的鸡胚转移到代用卵壳中进行培养后，已可获得 52% 以上的孵化率。

由于代用卵壳具有同原始卵壳相同的结构及相近的组分，通过代用卵壳对禽类胚胎进行体外培养具有如下优势：代用卵壳表面分布的孔洞可保证胚胎代谢正常的气体交换；代用卵壳具有同天然卵壳相近的内壳膜，可很好地支持尿囊膜的生长，减少黏连等现象的发生，保证尿囊膜正常发育，从而充分吸收卵白中的水、电解质、蛋白质；代用卵壳所含的钙质贮存形式与原始卵壳相近，可作为钙源保证胚胎发育过程中，特别是发育中后期对钙的需求；在胚胎上方形成人工气室，可模拟正常种蛋的发育环境。而选择在胚胎发育至一定时期再进行换卵壳处理，则可避免人工气室的形成破坏早期胚胎所需求的相对低氧环境。

禽类胚胎的体外培养技术目前在转基因禽类的制备，禽类嵌合体的制备，免疫器官和免疫细胞发育，免疫耐受及尿囊膜血管增殖和器官移植等研究领域均有广泛应用。

本实验选取鸡商品蛋为代用卵壳，以鹌鹑种蛋的体外培养为例，演示禽类胚胎的体外培养技术。

李赞东　芮　磊　燕　丽　张文新　等
中国农业大学生物学院

1.8 玉米根尖薄壁细胞过氧化物酶的电镜免疫金标定位技术

免疫定位技术是利用抗原和抗体高度特异性结合的原理，用标记的抗体对细胞或组织内的相应抗原进行定性、定位或定量测定。与光镜水平的免疫定位方法相比较，免疫电镜技术能大大地提高样品的分辨率，使特异蛋白抗原的定位与超微结构结合起来，定位更准确。

本实验以玉米根尖为实验材料，采用电镜免疫胶体金技术，以实现对玉米根尖薄壁细胞中过氧化物酶进行定位的目的。为了保持细胞中相应抗原的抗原性，以4%多聚甲醛固定液对材料进行固定。材料经过缓冲液漂洗、

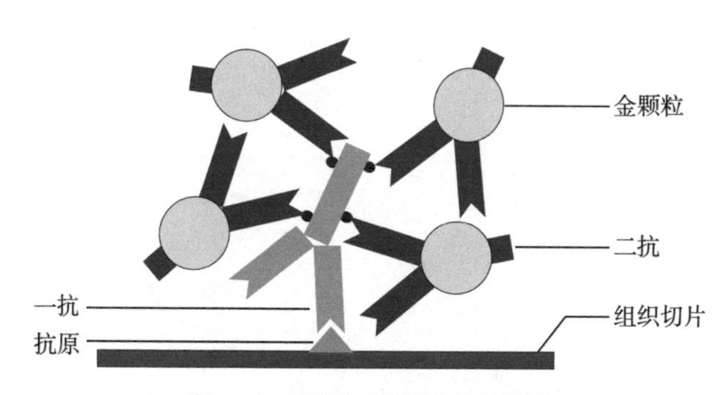

图 1–3 间接标记法原理示意图

首先用未标记的一抗与抗原进行特异结合。再用标记有金颗粒的二抗与一抗结合。由于一抗的 IgG 分子具有多个抗原决定簇，能与多个带有金颗粒标记的二抗结合，因此间接标记法能起到放大作用

系列浓度乙醇脱水，再经过液态树脂的浸透，最终包埋于LR White水溶性树脂中。材料经超薄切片后，采用间接标记法（原理见图1-3）标记玉米根尖伸长区细胞中的过氧化物酶蛋白。标本上的抗原首先与未标记的过氧化物酶抗体（一抗）反应，后者再与标记金颗粒的二抗反应。在透射电镜下观察免疫标记后的超薄切片，超微结构中金颗粒所在部位显示过氧化物酶的定位和分布。

技术视频
18分35秒

实验指导

王幼群　孙彩艳
中国农业大学生物学院

1.9 免疫组织化学技术检测植物激素

植物体内脱落酸的检测方法有多种，其中生物鉴定法、高效液相色谱质谱检测法（HPLC-MS）和免疫检测技术是最为常见的检测方式。生物鉴定法是一类经典的植物激素检测方法，它利用激素作用于植物的组织或器官时产生的特异性反应对植物激素进行测定。色谱技术主要利用各组分在色谱固定相上保留性质的差异实现分离，并根据色谱图得出样品含量及纯度信息。免疫检测技术是基于抗原和抗体的特异性结合，因此有较好的专一性，也是测定植物激素的常用方法。植物激素在同一器官不同组织之间，以及同一组织各个细胞之间分布存在较大差异。这些差异仅凭单纯的定量测定技术是不能明确的，须进行定位验证。免疫定位技术对于细胞内各种植物激素区域化分布的研究具有重要作用。

免疫细胞化学又称免疫组织化学，其主要原理是用标记的抗体（或抗原）对细胞或组织内的相应抗原（或抗体）进行定性、定位或定量检测，经过组织化学的呈色反应之后，用光学显微镜、荧光显微镜或电子显微镜观察。凡是能做抗原、半抗原的物质，如蛋白质、多肽、核酸、酶、激素、磷脂、多糖、受体及病原体等都可用相应的特异性抗体在组织、细胞内将其用免疫细胞化学方法检出。

免疫荧光细胞化学是根据抗原抗体反应的原理，先将已知的抗原或抗体标记上荧光素制成荧光标记物，再用这种荧光抗体(或抗原)作为分子探针检查细胞或组织内的相应抗原(或抗体)。在细胞或组织中形成的抗原－抗体复合物上含有荧光素,利用荧光显微镜观察标本,荧光素受激发光的照射而发出各种颜色的荧光,从而确定抗原或抗体的性质、位置,进而利用定量技术测定含量。用荧光抗体示踪或检查相应抗原的方法称为荧光抗体法,用已知的荧光抗原标记物示踪或检查相应抗原的方法称为荧光抗原法,这两种方法总称免疫荧光标记技术。其中荧光抗体方法较常用。免疫荧光细胞化学分直接法(图 1–4)、间接法(夹心法,图 1–5)。与直接法相比,间接法由于在抗原抗体复合物上的荧光抗体显著多于直接法,从而提高了敏感性;间接法中荧光标记的是二抗,

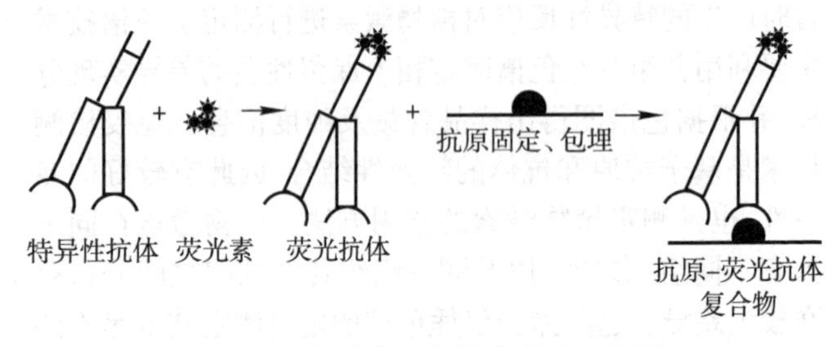

图 1–4　免疫荧光直接法原理示意图

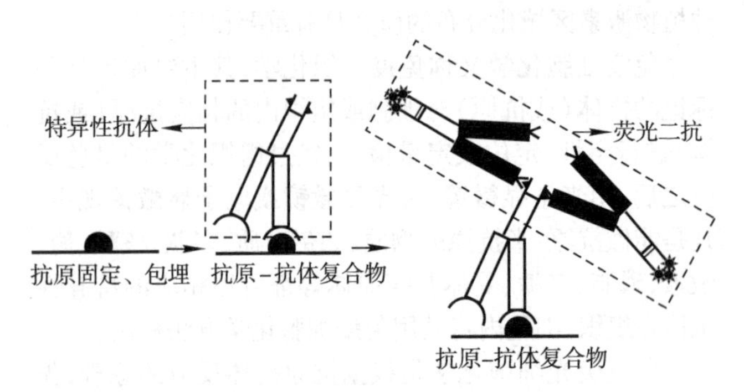

图 1–5　免疫荧光间接法原理示意图

而这种荧光标记的二抗有现成的商业化试剂,减少了需要自己标记荧光物质的操作步骤。

本实验采用免疫组织化学技术,以小麦根尖为材料,检测植物激素的分布。

技术视频

14 分 10 秒

实验指导

王保民　高　巍　张明才

中国农业大学农学院

1.10 拟南芥雌配子体发育进程的观察

高等植物的生活周期包括二倍体的孢子体阶段(sporophytc phase)和单倍体的配子体阶段(haploid phase),这两个阶段有规律的交替出现,保证了高等植物的繁衍延续。植物通过小孢子母细胞(microsporocyte,也叫花粉母细胞,pollen mother cell)或大孢子母细胞(megasporocyte 或 megaspore mother cell)的减数分裂产生相应的单倍体孢子,单倍体孢子再经过有丝分裂发育成配子体。配子体阶段主要产生单倍体的配子(卵细胞或精子),卵细胞和精子融合后产生孢子体,从而完成植物的生活周期。

在被子植物雄配子体发育后期,成熟的花粉粒(pollen)通常内含 2 个细胞,即 1 个大的营养细胞(vegetative cell)和 1 个小的精细胞(sperm cell)。对于拟南芥来说,成熟的花粉粒内含 3 个细胞,即 2 个精细胞和 1 个营养细胞。雌配子体发育到后期,通常被称作胚囊(embryo sac)。它由 4 种不同类型的 7 个细胞组成:3 个反足细胞(antipodal cell)、2 个助细胞(synergid cell)、1 个卵细胞(egg cell)和 1 个中央细胞(central cell)。当拟南芥成熟的花粉落到柱头(stigma)上,花粉吸水萌发伸出花粉管在引导组织(transmitting tract)生长,通过珠孔进入胚囊,释放出精细胞,与卵细胞和中央细胞进行双受精(double fertilization)后,包含胚囊的胚珠(ovule)最后发育成种子。因此雌配子体的发育正常与否对完成双受精起关键作用。

雌配子发育的具体过程如下：

雌配子体的成熟可分为两个发育时期，即大孢子发生（megasporogenesis）时期和雌配子体形成（megagametogenesis）时期。大孢子发生在前，主要包括孢原细胞分化、大孢子形成和功能大孢子成熟等过程；雌配子体发生主要包括功能大孢子有丝分裂、细胞化和雌配子体成熟等过程。

大孢子的形成始于珠心中表皮下分化的一个孢原细胞，该细胞体积大、胞质浓厚、细胞核显著。孢原细胞进行平周分裂，产生 1 个初生周缘细胞和 1 个初生造孢细胞。初生周缘细胞进一步进行平周和垂周分裂形成多层的周缘组织。而初生造孢细胞通常不再分裂，直接分化成 1 个大孢子母细胞，再进行减数分裂形成大孢子。在孢原细胞分化成大孢子和减数分裂的过程中，细胞内部变化较大，细胞体积增大，减数分裂时细胞器沿合点－珠孔轴极性分布，质体的线粒体集中于近合点端，内质网近珠孔端，核仁明显。大孢子母细胞经减数分裂形成 4 个单倍体大孢子（四分体）。对于大多数高等显花植物来说，只有 1 个大孢子存活并继续完成后续的雌配子体发生，其他 3 个大孢子则逐步凋亡。一般来说，对于拟南芥、水稻来说，靠近合点端的大孢子为功能大孢子，它会发育成胚囊。

在体视镜下将雌蕊中的胚珠剥离下来，用透明液进行整体透明，由于发育中的胚囊在激发光下能自发荧光，用激光扫描共聚焦显微镜（confocal laser scanning microscopy，CLSM）就可以观察雌配子体的不同发育阶段。

雌配子发育共分 8 个时期，各时期的特点如下：

FG0：有 1 个细胞与周围相邻细胞明显不同，体积较大，细胞核显著，胞质丰富，为孢原细胞。

FG1:1 核雌配子体。功能大孢子为泪滴状,靠近珠孔端膨大,降解的大孢子位于珠孔端。

FG2:2 核雌配子体。功能大孢子进行第一次有丝分裂,形成 2 个细胞核。珠孔端降解的大孢子依然能够看到。这时在核周围开始出现一些较小的小液泡。

FG3:2 核雌配子体。小液泡形成中央大液泡,并将 2 个细胞核分别推向合点端与珠孔端。

FG4:4 核雌配子体。位于合点端和珠孔端的细胞核开始进行第二次有丝分裂,形成 4 核胚囊。合点端和珠孔端分别有 2 个细胞核,两端的 2 个核被中央大液泡隔开,通常合点端还会出现 1 个小液泡。

FG5:8 核雌配子体。4 核胚囊开始进行第三次有丝分裂,形成 8 核胚囊。合点端和珠孔端分别有 4 个细胞核。但是极核没有融合,在分裂的过程中伴随着细胞化的过程,在 FG5 的中期细胞化完成,与此同时合点端和珠孔端各有一个细胞核开始向中央迁移。

FG6:7 核雌配子体。向中央迁移的 2 个细胞核开始融合成中央极核,3 个反足细胞开始进入降解过程。

FG7:4 核雌配子体。反足细胞降解完成。这时的雌配子体由卵细胞、中央极核和 2 个助细胞组成。

本实验采用整体胚珠透明技术结合激光扫描共聚焦显微镜,通过胚囊组织的自发荧光观察拟南芥雌配子体的不同发育阶段。

张学琴　崔红慧
中国农业大学生物学院

1.11 拟南芥花药发育的形态学观察

开花植物中花药是雄配子发生、发育和成熟的部位，花药发育正常与否直接关系到雄配子体的发育，了解其发育过程对研究雄配子体的发育具有重要意义。本实验旨在利用石蜡组织切片的方法来观察模式植物拟南芥花药发育的进程。

根据拟南芥花药发育过程中的一些标志性特点，1999 年 Sanders 提出将其发育过程划分为 14 个时期。本实验简要介绍了利用石蜡切片技术易于观察分辨的几个发育时期的特征。花药发育起始于花药原基细胞的分化发育。在花药发育的第 1 期到第 4 期，花药原基的细胞分裂是不同步的，从而导致所形成的细胞排列没有明显的分层。花药发育至第 5 期时，拟南芥花药形成了 4 个药室，每个药室具有排列整齐的 5 层细胞，由外向内分别是：表皮层、花药内壁、中间层、绒毡层和小孢子母细胞。位于最内层的小孢子母细胞经过减数分裂于花药发育的第 7 期形成四分体。发育的第 8 期，四分体在胼胝质酶的作用下释放出 4 个相同的小孢子细胞。小孢子细胞再经过两次有丝分裂形成具有 1 个营养细胞和 2 个精细胞的三细胞花粉粒。三细胞花粉粒经过脱水最终形成成熟的花粉。其中的绒毡层细胞在第 10 期开始退化降解，延续到第 12 期时完全消亡。花药于第 12 期时开始开裂并释放出成熟的花粉粒，此过程一直持续到第 14 期。

石蜡切片是组织学常规制片技术中应用最为广泛的方法。植物组织多为无色透明，各种组织间和细胞内各种结构之间均缺乏反差，在一般光学显微镜下不易清楚区别，故本实验分别采用番红和固绿两种染料先后对石蜡切片进行染色。番红为碱性染料，主要把木化、角化、栓化的细胞壁，以及染色体、核仁等染为红色，染色时间为 2 ~ 24 h。固绿，又名快绿，是一种酸性染料，它的优点是不易脱色，染色时间短，大概 1 min 即可，可染纤维素细胞壁。

本实验采用石蜡切片技术，以拟南芥花药为材料，分别观察花药发育的不同阶段与特点。

技术视频

12 分 30 秒

实验指导

张学琴　梁　彦

中国农业大学生物学院

1.12 拟南芥胚胎发育的形态学观察

高等植物的繁衍依赖于雌雄配子体双受精后形成胚胎和胚乳，然后再发育成种子，因此胚胎发育在植物生殖发育过程中是一个重要事件。本实验旨在利用拟南芥胚胎透明技术观察双子叶植物胚胎发育的过程。

拟南芥的胚胎发育始于双受精形成的合子（zygote），合子再经过 1 次不均等分裂产生 1 个基细胞和 1 个顶细胞。顶细胞经过 1 次纵向分裂形成二细胞胚（two-celled embryo），基细胞开始横向分裂，产生一列细胞，最终形成胚柄（suspensor）。二细胞胚又经过 1 次纵向分裂形成四细胞胚（quadrant stage embryo）。第三次分裂则是横向的，产生上下 2 层共 8 个细胞（octant stage embryo）。第四次分裂是平周分裂，产生内外 2 层共 16 个细胞。外层成为第一个可见的组织——原表皮（protoderm），此时即为球形胚时期（globular stage）。胚柄细胞数此时也达到了最多，有 8～9 个。球形胚继续生长，顶部两侧形成子叶原基，逐渐向心形胚时期（heart stage）过渡。心形胚时期的特点是子叶和中轴开始形成并快速伸长。至鱼雷形胚时期（torpedo stage），除了子叶继续生长外，根尖和茎尖分生组织逐渐形成，叶绿素也开始积累，胚柄开始衰老死亡。至拐杖形胚时期（walking stick stage），就形成了成熟的胚胎（mature embryo）。在这个过程中，受精极核分裂形成游离胚乳核，心形胚期开始细胞化，最终凋亡，种皮内的所有空间都被胚胎占据。

由于有果皮、种皮的覆盖，我们不能直接观察到胚胎和胚乳的状态，也不能对比突变体和野生型胚胎发育方面的差别。我们利用胚胎透明技术，使植物的组织或器官透光性增加，根据不同组织的厚度和折射率的不同，可清晰地观察到胚胎发育各阶段的形态特点。

使组织透明的试剂有多种。对于拟南芥胚胎的观察，现在比较常用的是 Hoyer's 溶液，其有效成分是水合氯醛(chloral hydrate)。水合氯醛既是几丁质和纤维素等的透明剂，也可以部分抽提出组织中的蛋白质。通过它的作用，可使多种组织变透明，且由于水合氯醛有晶体析出，增强了光的折射，从而增加组织或器官的立体感。借助微分干涉相差显微镜，就能够较清晰、立体地观察到组织内部的结构了。

对于未受精的胚珠到发育至心形胚时期的种子，由于较为幼嫩，使用 Hoyer's 母液(100 g 水合氯醛溶于 30 mL 水)进行透明时，会使胚乳与种皮脱离，胚乳由合点分离出来，这可能都是由于较浓的水合氯醛对胚乳的破坏作用。所以本实验中选用 Hoyer's 缓和溶液(100 g 水合氯醛溶于 60 mL 水或 Hoyer's 母液稀释一倍)。随着种子的成熟，叶绿素的积累和细胞壁成分的增多都加大了透明的难度，需要延长透明的时间，或者在透明之前，先在脱色液($V_{乙醇}:V_{乙酸}=1:1$)中褪去叶绿素，脱色液也起到对组织内部结构的固定作用。拟南芥的种子比较小，早期胚胎须借助显微镜才能看到，但一般在鱼雷形胚之后就可以从种子中将完整的胚胎挤出，通过体视镜观察。如果仅观察较为成熟的胚胎，或比较突变体与野生型的区别，可以通过这种方法直接观察。

用 Hoyer's 溶液透明的种子放置时间较长(超过 24 h)，就会出现整体褐化的现象，导致内部结构不清楚。

有些研究者认为是其中的阿拉伯树胶的作用，溶液中不加阿拉伯树胶就会避免该现象，但是阿拉伯树胶可以防止干燥脱水。所以在种子完全透明了之后，为避免褐化的发生，要尽快观察或照相获取结果。

本实验采用胚胎透明技术，利用微分干涉相差显微镜观察拟南芥胚胎发育不同阶段及其特点。

技术视频

6 分 06 秒

实验指导

张学琴　周精精

中国农业大学生物学院

1.13 利用流式细胞术分析小鼠外周血中各类细胞的比例

流式细胞术（flow cytometry）的原理是基于抗体－抗原反应使靶细胞被标记上带荧光的抗体，流式细胞仪通过激发并检测从细胞上发出的荧光信号，再将其转化为电信号，最后将电信号等比例放大，进而反映出细胞中相关分子的表达情况。主要应用于：细胞亚群比例测定、细胞因子检测、细胞增殖、细胞凋亡、细胞周期、细胞杀伤能力、细胞吞噬功能、基因表达、细胞内活化的激酶、微生物学检测、钙相关分子检测和表观遗传学相关检测等。

外周血中含有各种淋巴细胞，通过检测外周血中淋巴细胞的组成可以判断个体是否出现免疫系统缺陷或受到感染，而流式细胞术是检测淋巴细胞组成极为重要的技术手段。本实验采用流式细胞术检测基因敲除小鼠的外周血，来判断其淋巴细胞组成是否发生异常，为进一步研究其淋巴细胞的发育提供参考。

本实验总体上可分为以下四步：①通过眼窝采血获得小鼠血细胞，并利用 ACK 裂解去除红细胞，最终制成外周血单细胞悬液；②设计染色方案，配制抗体混合液，接着利用抗体－抗原反应对单细胞悬液进行细胞表面染色；③通过细胞流式仪分析荧光信号；④使用 Flowjo 软件对数据进行整理分析，获得小鼠外周血中各淋巴细胞的组成情况，进而初步判断小鼠的免疫系统是否存在缺陷。

于舒洋　余国涛
中国农业大学生物学院

2 蛋白质水平

2.1 蛋白质结晶技术

通过解析生物大分子的三维结构来推断其如何行使功能，是现代生物学的重要研究内容之一。原子分辨率结构的可用性使人们能够从更深刻和独特的视角理解蛋白质的功能，并有助于揭示活细胞的内部工作。迄今为止，蛋白质数据库中86%的大分子结构都是利用X射线晶体学方法所获得的。

蛋白质晶体学是利用X射线晶体衍射技术研究生物大分子结构，特别是研究蛋白质结构与功能的一门学科，是结构生物学的重要组成部分。X射线晶体学研究通常采用的X射线波长为0.1 nm左右，这与化学键键长相当，也与晶体内的原子间距离相应。蛋白质晶体学的一般步骤包括：原核表达蛋白质并纯化→蛋白质结晶→X射线衍射并收集衍射数据→解析相位→结构解析。为了获得适合于晶体学研究的晶体，大分子（如蛋白质、核酸、蛋白质－蛋白质复合物或蛋白质－核酸复合物）必须被纯化，或尽可能接近均一化。大分子样品的均一性是获得高衍射分辨率晶体的一个关键因素。

所有的蛋白质结晶均须利用某种或某几种结晶试剂与蛋白质溶液相互作用，在一定pH范围内实现结晶。实现结晶的常用技术主要有气相扩散法、配液结晶法、液－液扩散法和平衡透析法。

气相扩散法是最常用的蛋白质结晶方法之一，其原理是液池中结晶剂的浓度高于结晶液滴的浓度，在封闭体系中，溶剂不断地从低浓度的结晶液滴向高浓度的液池扩散，使结晶液滴中蛋白质溶液和盐溶液的浓度不断增加，直到液滴与液池的蒸汽压相等时则到达平衡。该过程使蛋白质液滴逐步达到过饱和，而实现可能的蛋白质结晶。

气相扩散法是现在应用最广的蛋白质结晶技术。包括悬滴法（hanging drop）、坐滴法（sitting drop）、三明治法（sandwich drop）、油滴法（microbatch under oil）和微量透析法（microdialysis）。其中，悬滴法（图 2–1）和坐滴法（图 2–2）的使用频率最高，其易于操作，所需样品量少，结晶条件筛选和优化时具有相当的灵活性。

每一种蛋白质的结晶条件都有所差异。影响晶体形成的条件很多，包括溶液的 pH、离子强度、盐的浓度、有机添加剂、还原剂、去污剂及晶体生长时的温度等。因此，蛋白质结晶需要进行数量巨大的结晶条件筛选实验。目前尚无理论可预测各个蛋白质的结晶条件，因此，只能

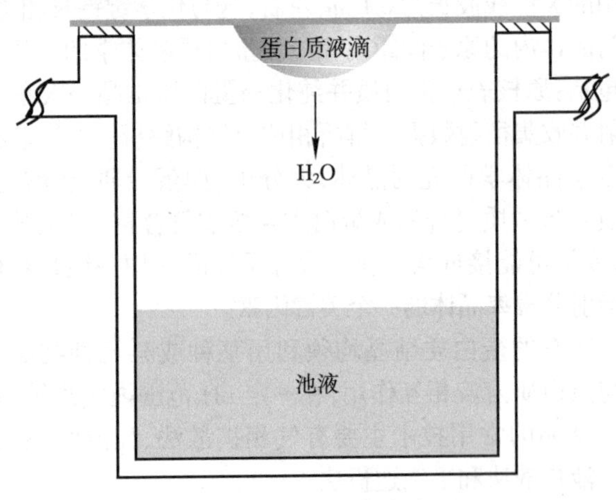

图 2–1　悬滴法

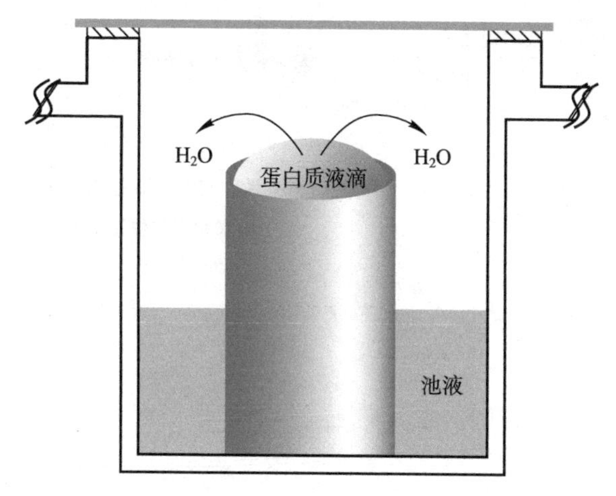

图 2-2　坐滴法

对各种条件的组合不断尝试从而筛选出每种蛋白质结晶条件。最初筛选结晶条件时可以采用商业化的结晶筛选试剂，这些结晶条件是根据已知的许多大分子结晶条件筛选而来。本实验中采用 SGC 修改配方进行结晶条件筛选。

通常将目的蛋白质进行原核表达（如 *E.coli*）或真核表达（如昆虫细胞）以便捷地获得蛋白质晶体培养所需的大量高纯度、高浓度的蛋白质。在进行原核表达时，常常将一些亲和纯化标签与目的蛋白质进行融合表达，便于之后对目的蛋白质的纯化。

本实验中的目的蛋白质 HHP 为带有组氨酸标签（His-tag）的融合蛋白，经原核表达后的目的蛋白质在 N 端带有 His-tag，可以利用固定化金属亲和层析（immobilized metal affinity chromatography，IMAC）对目的蛋白质进行纯化，再用离子交换层析、凝胶过滤层析等步骤即可纯化目的蛋白质，纯度达到 95% 以上。

吴 玮 张 琦 邓增钦 张星亮
中国农业大学生物学院

2.2 磷酸化蛋白质组学研究技术

蛋白质的可逆磷酸化在生长发育过程中具有重要的生物学功能。磷酸化的过程是通过蛋白激酶将 ATP 的磷酸基团转移到蛋白质的特定位点如苏氨酸(Ser)、丝氨酸(Thr)或酪氨酸(Tyr)残基上来实现的。磷酸化与去磷酸化是一可逆过程,受蛋白激酶和磷酸酶的协同催化。据统计,哺乳动物细胞中至少有 30%的蛋白质发生磷酸化修饰,脊椎动物基因组中有 5%的基因编码蛋白激酶和磷酸酶。在人类细胞中调控蛋白质磷酸化过程的蛋白激酶和磷酸酶大约有 1 000 种,而在拟南芥基因组中则有多于 5%的基因(约 1 100 个蛋白激酶和近 200 个磷酸酶)可能参与蛋白质的可逆磷酸化。磷酸化可以改变蛋白质活性、亚细胞定位,降解目的蛋白质或者影响蛋白质复合体的结构变化。蛋白质可逆磷酸化几乎参与了生命活动的所有过程,包括细胞的增殖、发育和分化、病理过程和环境应答等,尤其是在调节细胞信号转导过程中起着极其重要的作用。这种磷酸化蛋白质存在的普遍性和调控作用的重要性,引起了众多科学工作者对磷酸化蛋白质的极大关注。因而,除了了解某一蛋白质被磷酸化外,清楚掌握特定的氨基酸残基在特定环境下的磷酸化状态有助于更进一步明确磷酸化调控机制。尽管蛋白质磷酸化在生物化学及分子生物学方面已取得了一系列进展,但由于分离和检测磷酸化蛋白质依然存在有技术上的障碍，当前的研究仍较多地停留在比较粗放的免疫印迹等生化检测水平，并且大多数研究仅限于检测个别磷酸化蛋白质或者蛋白激酶的目标底物。因为信号转导过程中蛋白质磷酸化状态的变化需要更精确的鉴定，尤其是大规模地定性和定量鉴定磷酸化位点，蛋白激酶及其与目的底物的相关性也需要更系统的研究。

质谱技术已成为后基因组时代解析基因和蛋白质功能的重要高通量工具。近年来，蛋白质翻译后修饰成为蛋白质组学研究的热点之一。定量磷酸化蛋白质组学方法和技术的快速发展为研究蛋白质磷酸化时空动态变化，更好地了解生物学功能调节网络奠定了坚实的基础。作为蛋白质组学研究的一个重要组成部分，定量磷酸化蛋白质组学因其磷酸化蛋白质所具有的独特特征，在技术和方法研究方面将面临更为严峻的挑战。传统的蛋白质组学技术，例如依赖于双向电泳分离和定量分析不能解决翻译后修饰以及疏水性蛋白质分离等问题。然而，高分辨率、高精确度 LTQ/Orbitrap MS 质谱技术的快速发展使得高通量鉴定蛋白质及其翻译后修饰成为可能。再结合磷酸多肽的富集，近年来的研究中，利用 TiO_2 与磷酸基团的亲和能力可实现对磷酸化多肽很大程度的富集。在检测方面，中性丢失扫描在质谱检测磷酸化位点中有重要地位。具体原理是，在阳离子扫描模式下，丝氨酸、苏氨酸和酪氨酸磷酸化肽段会丢失一个磷酸基团，从而质荷比会减少 98，这一离子丢失可用来鉴定磷酸化肽段。

本实验以模式植物拟南芥为材料，使用非标记鸟枪法，即依赖于质谱进行定量的蛋白质组学技术，高通量研究特定条件下蛋白质表达及其磷酸化修饰和相互作用等变化，并通过生物信息学手段对实验数据进行整合，从而得到一个能够反映出生物系统真实性的理论模型，揭示细胞信号转导的机制。

技术视频

12 分 26 秒

陈艳梅　李希东

中国农业大学生物学院

2.3 使用基质辅助激光解离质谱法分析蛋白质酶解样品

基质辅助激光解离质谱法(matrix-assisted laser desorption ionization mass spectrometry,MALDI MS)可以用来测定多肽和蛋白质的质荷比(*m/z*),进而获得其分子量和序列信息。MALDI MS 的基本原理是将蛋白质或蛋白质酶解后的多肽与过量的基质分子混合,使蛋白质或肽段与基质分子形成共结晶(图 2–3)。常用的基质包括 2,5– 二羟基苯甲酸(DHB)和 *α*– 氰基 –4– 羟基肉桂酸(CHCA),这些有机酸能强烈吸收紫外光。将蛋白质或多肽溶液与基质溶液($V_{乙腈}$: $V_{水}$=1 : 1)混合,点在 MALDI 样品板上,溶剂蒸发后,基质分子就与蛋白质或多肽分子形成共结晶。当使用紫外激光辐照这些结晶时,基质分子吸收激光能量并升华,同时携带肽段分子进入气相。由于基质为有机酸分子,在其升华过程中,可以将质子转移给多肽,于是多肽分子获得一个质子,并带正电荷,由此变为多肽离子($M + H^+$)。这些多肽离子随后被质谱仪检测到,从而获得($M + H^+$)离子的质荷比。由于灵敏度和分辨率等限制,MALDI MS 质谱仪多用于简单多肽分子量的测定,而在完整蛋白质分子量测定方面则使用较少。

对经过双向电泳分离的蛋白质样品,可以使用胰蛋白酶进行胶内酶解。胰蛋白酶可以选择性地把多肽链上赖氨酸(K)和精氨酸(R)残基的羧基端切断,从而把较大的蛋白质酶解成分子量在 1 000 ~ 3 000 的多肽片段。使用溶剂将酶解后的多肽片段从胶块中提取出来，就可以使用 MALDI MS 方法获得所得多肽片段的分子量。经过双向电泳分离后的蛋白质样品的复杂性通常已经大大降低，每一个胶点只对应一个或数量不多的几个蛋白质。对经过胶内酶解的蛋白质的多肽片段进行质谱分析，获取蛋白质指纹谱，通过与数据库中已知蛋白质序列的比对，就可以查找和获得相对应蛋白质的组成和序列。为进一步提高数据库搜索的准确性，还可以在质谱仪内对多肽片段进行二次碎裂，获得多肽片段的二级质谱，进而对其序列进行准确鉴定。

本实验采用基质辅助激光解离质谱法对经过双向电泳分离的蛋白质样品的序列进行鉴定。

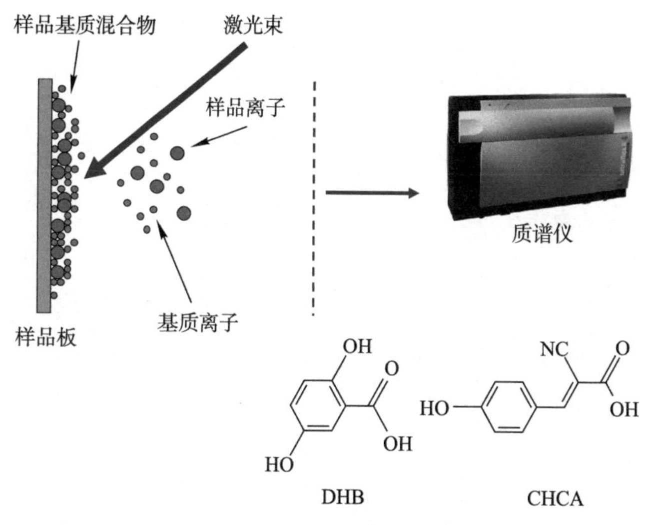

图 2–3　MALDI MS 基本原理

李　溱　张京强　蒋　欣
中国农业大学生物学院

2.4 蛋白质双向电泳技术

双向电泳是一种分析从细胞、组织或其他生物样本中提取的蛋白质混合物的有力手段，已得到广泛应用。这项技术利用蛋白质的两种特性，分两步将不同的蛋白质分离。第一向为等电聚焦(isoelectric focusing, IEF)，即根据蛋白质的等电点(p*I*)使蛋白质沿 pH 梯度分离至各自的等电点；第二向为 SDS - PAGE(sodium dodecyl sulfate polyacrylamide gel electrophoresis, SDS - 聚丙烯酰胺凝胶电泳)，沿垂直的方向利用蛋白质的分子量不同将蛋白质分离。双向电泳由 O'Farrell's 于 1975 年首次建立并成功地分离约 1 000 个 *E.coli* 蛋白质，他利用此项技术证明蛋白质谱不是稳定的，而是随环境而变化。目前，随着技术的飞速发展，在双向电泳结果中已能分离出 10 000 个斑点，每个斑点都对应着样品中的一种蛋白质，从中可以得到每种蛋白质的等电点、表观分子量和含量等信息。

目前，双向电泳技术已广泛地应用于植物、真菌的基础研究及人类疾病的蛋白质组学研究中。例如 Sanchez 等人对 15 例结肠癌和 13 例正常人的结肠上皮进行双向电泳检测，结果发现在分子量为 1.3×10^3 和 p*I* 5.6 处的蛋白质仅出现在结肠癌的组织中。其中 15 例患者的癌细胞中有 13 例 1.3×10^3/p*I* 5.6 蛋白质有上调趋势(87%)。随后研究发现此种蛋白质在中度、低度分化的结肠癌及有 24 年病史的溃疡性结肠炎中均过量表达，强烈暗示该蛋白质对检测早期直肠癌具有重要的临床意义。

本实验采用双向电泳技术，以粗糙脉胞菌为实验材料，通过野生型和突变株的全蛋白质比较，以实现寻找异常表达蛋白质的目的，可丰富蛋白质组学的研究内容。

技术视频

27 分 30 秒

实验指导

王　颖　宁德利　沈　卓　陈宜波　等

中国农业大学生物学院

2.5 蛋白质聚丙烯酰胺凝胶银染技术

聚丙烯酰胺凝胶电泳是一种常用的检测蛋白质纯度及分子量的生化分析技术。蛋白质经过聚丙烯酰胺凝胶分离后并非肉眼可见，必须经过染色才能使蛋白质显色。考马斯亮蓝染色法（简称考染法）和银染色法是目前应用最广泛的两种染色方法。考染法使用考马斯亮蓝R－250为染料，该染料与蛋白质结合能力强，而与凝胶结合能力弱，蛋白质在聚丙烯酰胺凝胶中电泳后，经染色和脱色步骤，凝胶的背景颜色可快速脱掉，而仅使蛋白质着色。考染法操作简单，显色速度快，最低可检出0.02 μg蛋白质，当检测蛋白质含量不低于0.02 μg时，考染法是一种最佳的染色方法。与考染法相比，银染色法的优势在于其灵敏度较高，最低可以检出0.2 ng蛋白质，是考染法的100倍左右，因此，银染色法是检测微量蛋白质的常用方法。但是，该方法操作步骤烦琐，染色过程中凝胶易被污染导致背景较高。

本实验中，分别用考染法和银染色法对蛋白质聚丙烯酰胺凝胶进行染色，比较两种方法的特点及灵敏度差异（重点为银染色法）。

李　媛

中国农业大学生物学院

2.6 猪脑微管蛋白的纯化

微管(microtubule)是由 α- 微管蛋白和 β- 微管蛋白异二聚体(tubulin)聚合形成的中空的管状结构,是动态的蛋白聚合物。适当条件下,在体外微管蛋白可以自发地聚合成微管。这个聚合过程是温度依赖型的,即在 30 ~ 37℃下微管蛋白聚合成微管,而在 4℃下聚合态的微管解聚为微管蛋白。在动、植物体内微管并非仅由微管蛋白二聚体组成,而是由一类异质的微管结合蛋白(microtubule-associated protein,MAP)与微管蛋白一起组成微管。微管结合蛋白对微管行使功能具有重要的调节作用,是微管系统的重要组成部分。由于植物组织中微管蛋白含量少,另外大量内源蛋白酶及次生代谢产物的存在,因此从植物组织中很难纯化得到大量微管蛋白。动物脑组织匀浆中富含微管蛋白,根据高温 - 低温处理(聚合 - 解聚循环)的方法,结合高盐洗脱,可以从动物脑组织中获得大量的纯度较高的微管蛋白。

本实验采用高速离心、沉淀和上清液分离的技术,以猪脑组织为实验材料,实现微管蛋白的纯化。

技术视频

13 分 02 秒

实验指导

毛同林　刘小敏　秦　涛

中国农业大学生物学院

2.7 利用荧光蛋白LUC筛选拟南芥突变体

报告基因(reporter gene)是一种编码可被检测的蛋白质或酶的基因,是一个其表达产物非常容易被鉴定的基因。把它的编码序列和基因表达调节序列相融合形成嵌合基因,或与其他目的基因相融合,在调控序列控制下进行表达,从而利用它的表达产物来标定目的基因的表达,筛选得到稳定表达报告基因的转基因株系。作为报告基因,在遗传选择和筛选检测方面必须具有以下几个条件:①已被克隆和全序列测定。②表达产物在受体细胞中不存在,即无背景,在被转染的细胞中无相似的内源性表达产物。③其表达产物能进行定量测定。

在植物基因工程研究领域,已使用的报告基因有以下几种:胭脂碱合成酶基因(*NOS*)、章鱼碱合成酶基因(*OCS*)、新霉素磷酸转移酶基因(*NPT* Ⅱ)、氯霉素乙酰转移酶基因(*CAT*)、*β*-葡萄糖苷酶基因(*BGL*)、荧光素酶基因(*LUC*)等。而在动物基因工程研究中常用的有氯霉素乙酰转移酶基因、*β*-半乳糖苷酶基因、二氢叶酸还原酶基因(*DHFR*)、荧光素酶基因等。下面重点介绍本实验中所应用的报告基因——荧光素酶基因。

荧光素酶(firefly luciferase,LUC)是生物体内催化荧光素或者脂肪醛氧化发光的一类酶的总称。由于荧光素酶具有灵敏性高、特异性好、反应迅速、操作简便、应用广泛,且对生物体无毒害作用等诸多优点,荧光素酶越来越多地应用于医学、分子生物学、环境监测等相关领域。具体可以应用于以下几个方面:①快速检测。ATP 既是 LUC 催化发光的必需底物,又是所有生物生命活动的能量来源,传统的测定方法操作复杂,灵敏度低,缺乏足够的专一性。在 LUC 催化的发光反应中,ATP 在一定的浓度范围内,其浓度与发光强度呈线形关系,因此,测定 ATP 的浓度具有快速灵敏的特点。自 1947 McElroy 等首次应用 LUC 测定 ATP 以来,荧光素酶在生物化学及生物技术的分析应用不断发展,其检测和研究范围包括:临床医学及法医学检测、生命科学研究、环境监测和制备广谱酶联免疫检测试剂。②报告基因分析。早在 1988 年就有在分子生物学中应用荧光素酶基因作报告基因的报道。通过测定荧光素酶基因的表达,检测各种启动子的活性;利用荧光素酶基因与特定目的基因的连锁或共转移,可以建立非放射性的外源基因检测体系。目前,这一技术在全世界得到了广泛应用,现代检测仪器甚至可以检测到 10~19 mol/L 的酶量,比检测氯霉素乙酰转移酶(CAT)灵敏 100~1 000 倍。由于荧光素酶酶活性检测比 CAT 检测快速、方便、灵敏、经济,而且可以进行活细胞直接检测,因此在分子生物学研究中可用荧光素酶表达检测代替 CAT 检测。③有毒有害物质分析。1994 年,Zomer 等报道了应用荧光素酶催化的生物发光现象进行水、土壤、食品等样品中有机磷和氨基甲酸酯等杀虫剂的灵敏检测。其原理是昆虫脑提取物中有杀虫剂攻击的受体或酶结合位点,将生物发光的底物——荧光素(D-luciferin)衍生物渗透至昆虫脑提取物中,昆虫脑提取物能将荧光素衍生物水解为荧光素,添加 ATP 和 LUC,即可发生生物发光,而杀虫剂能抑制这种水解活性,通过检测发光强度,即可计算杀虫剂的浓度,灵敏度可达 50 μg/L。

萤火虫荧光素酶是由单一的多肽链组成的，从不同种类的萤火虫中所提取出的荧光素酶的分子量和结构也略有差异，其分子量范围是(60～64)×10^3。萤火虫荧光素酶在有O_2、Mg^{2+}、ATP存在的条件下，催化荧光素氧化脱羧，将化学能转化为光能，并释放出光量子，发出绿光。其反应可表示为如下两个步骤：

荧光素 + ATP →荧光素化腺苷酸 + PPi

荧光素化腺苷酸 + O_2 →氧荧光素 + AMP + 光

利用电荷耦合元件(charge-coupled device，CCD)，把光学影像转化为数字信号。本实验中荧光素酶催化底物所产生的荧光通过CCD装置成像，并利用一些图像软件进行定量。

本实验中所利用的材料为人工构建的缺少3′-UTR荧光素酶基因(*LUC*)转化的拟南芥幼苗，正常条件下转*LUC*基因材料缺少3′-UTR是不能表达的，喷洒底物以后不会发出荧光。通过EMS诱变材料，利用荧光筛选到*LUC*正常表达的突变体植株，将筛选到的*LUC*正常表达植株进行深入的研究。

本实验采用萤火虫荧光素酶标记技术，以拟南芥幼苗为实验材料，以实现筛选荧光信号异常的突变体为目的。

杨永青　刘　磊　吴玉姣
中国农业大学生物学院

2.8 大肠杆菌 β- 半乳糖苷酶诱导合成、分离纯化及动力学研究

原核生物的基因组中功能相近或相关的基因常常排列在一起，转录成一个大的 mRNA 分子，然后分别翻译出相应的酶或多肽，这种 RNA 被称为多顺反子 RNA。大肠杆菌的乳糖操纵子由结构基因（*lacZYA*）、启动子（*P*）及操纵基因（*O*）组成。结构基因分别编码 β- 半乳糖苷酶（β-galactosidase）、β- 半乳糖苷透性酶（β-galactoside permease）和硫代半乳糖苷转乙酰酶（thiogalactoside transacetylase）。

大肠杆菌细胞内的 β- 半乳糖苷酶是一类诱导酶，在没有其作用底物（乳糖或半乳糖苷）存在时，每个细胞仅含极少量的 β- 半乳糖苷酶。若加入乳糖（即诱导物），β- 半乳糖苷酶的量会在短时间内增加 $1.0\times(10^3\sim10^5)$ 倍。一旦移去乳糖，细菌又很快停止 β- 半乳糖苷酶的合成。乳糖的结构类似物异丙基 -β-D- 硫代半乳糖苷酶（IPTG）能诱导乳糖分解酶系统中的 β- 半乳糖苷酶的产生。用 IPTG 代替乳糖，除了有其本身不被分解的优点外，还有被诱导的酶产生快、量大（酶活力一般高出乳糖为底物时 3 倍多）等优点。如果在甘油培养基中同时加入葡萄糖和 IPTG，则大肠杆菌中 β- 半乳糖苷酶的合成被显著地阻遏，这就是葡萄糖效应或分解阻遏。但若同时加入 3′,5′-cAMP，则 β- 半乳糖苷酶的合成不受葡萄糖的影响。高浓度的 cAMP 甚至有可能刺激 β- 半乳糖

苷酶的合成。

本实验中对β- 半乳糖苷酶的纯化分两步进行:①带负电荷的β- 半乳糖苷酶吸附在二乙氨基乙基纤维素(DEAE- 纤维素)弱碱性的阴离子交换树脂上,改变离子强度分步洗脱。②向第一步分离的蛋白质溶液中加入饱和的硫酸铵溶液或固体硫酸铵,直至有活性的蛋白质从溶液中沉淀出来。

通过探究酶活力与反应速度的关系、酶浓度对反应速度的影响以及底物浓度对反应速度的影响,达到掌握β- 半乳糖苷酶动力学的研究方法和技术的目的。

技术视频

15 分 52 秒

实验指导

姜 伟 温佳琦 王 慧

中国农业大学生物学院

2.9 利用全内角反射荧光显微镜(TIRFM)观察微管的动态变化

微管骨架在植物生长发育过程中起重要作用，全内角反射荧光显微镜(total internal reflection fluorescence microscope,TIRFM)是一种新的观察体外微管动态变化的方法。TIRFM 利用光线全反射后在介质另一面产生隐失波的特性，激发荧光分子以观察荧光标定样品的极薄区域，观测的动态范围通常在 200 nm 以下。因为激发光呈指数衰减的特性，只有极靠近全反射面的样本区域会产生荧光反射，大大降低了背景光噪声干扰观测样本，故此项技术广泛应用于细胞表面物质的动态观察。TIRFM 方法具有高信噪比、较高分辨率和对生物样本损伤小的特点，可以进行活体物质以及单分子的动态的研究。

微管蛋白在体外适当的条件下，可自发聚合形成微管。其整个过程大概分为三个步骤。第一个步骤是成核(nucleation)，即微管蛋白单体形成大量的稳定的寡聚体(oligomer)，是微管继续延长生长的“核”。成核过程通常是微管聚合的限制性步骤，速度缓慢。第二个步骤是快速的延长过程(elongation)，即微管蛋白异二聚体不断加在微管两端。第三个步骤是微管聚合达到表观的平衡状态(steady state)，即微管聚合体系中的微管总量不再发生变化。微管蛋白的体外聚合受聚合温度和微管蛋白单体的浓度两方面的影响。只有在一定的温度(30 ~ 37℃)下微管才能聚合或已经聚合的微管才能保持稳定。同时微管的聚合需要微管蛋白达到一定的浓度，即聚合的临界浓度，才能成核，进行后面的过程。

本实验采用 TIRFM 技术，以体外聚合物微管为实验材料，实现对微管动态变化的观察。

毛同林　张　焱
中国农业大学生物学院

2.10 ELISA 法测定样品中甲胎蛋白含量

酶联免疫吸附试验(enzyme linked immunosorbent assay, ELISA),又称为酶免疫测定(enzyme immuno assay, EIA),一般用于检测和定量测定液体样本中的抗体、激素、肽、蛋白质和小分子化合物。ELISA 一般将抗原或抗体与固体(通常是聚苯乙烯多孔板)表面结合,通过抗原抗体特异性识别和结合,以及抗体上连接的酶催化底物生成具有特异光吸收的产物,并对产物进行定量测定,最终计算待测物在样本中的含量。ELISA 法一般分为直接法、间接法、夹心法(又称三明治法)和竞争法四类。

甲胎蛋白(alpha-feto protein, AFP)是白蛋白家族的一种糖蛋白,主要由胎儿肝细胞及卵黄囊合成。甲胎蛋白在胎儿血液循环中具有较高的浓度,出生后则下降,出生后 2~3 月甲胎蛋白基本被白蛋白替代,成人血清中含量极低。研究发现,甲胎蛋白与肝癌等多种肿瘤的发生、发展密切相关,可作为多种肿瘤的阳性检测指标。目前临床上主要作为原发性肝癌的血清标志物,用于诊断及疗效监测。

本实验采用 ELISA 夹心法检测样品中人甲胎蛋白的含量。

王　娜

中国农业大学生物学院

3 核酸水平

3.1 动物组织原位杂交技术

原位核酸分子杂交技术简称原位杂交，是利用核酸分子单链之间按照碱基互补配对原则形成双链杂交分子的原理，将有放射性或非放射性标记的外源核酸（即探针）与组织、细胞或染色体上待测DNA或RNA互补配对，经一定的检测手段将待测核酸在组织、细胞或染色体上的位置显示出来的技术。

原位杂交技术中所用的探针可以是DNA、RNA或寡核苷酸。探针的种类按所带标记物可分为放射性标记探针和非放射性标记探针两大类。目前，大多数放射性标记法是通过酶促反应将标记的核苷酸掺入DNA中，常用的放射性同位素标记物有^{3}H和^{32}P等。同位素标记物虽然有灵敏性高、背景较为清晰等优点，但是由于放射性同位素对人和环境均会造成伤害，近年来有被非放射性同位素取代的趋势。非放射性标记物中目前最常用的有生物素、地高辛和荧光素三种。

本实验采用地高辛标记的cRNA探针来检测动物组织细胞内mRNA的表达情况。地高辛是目前应用比较广泛的非放射性核酸标记物，它与dUTP的嘧啶环第五位C原子相连，使修饰后的dUTP在RNA聚合酶的作用下掺入核酸探针中，地高辛基团可以用抗体特异地识别，抗体上偶联的碱性磷酸酶能够催化底物（氯化硝基四氮唑蓝/5-溴-4-氯-3-吲哚基磷酸酯钠盐，NBT/BCIP）

生成蓝紫色沉淀，从而在切片上显示出目的 RNA 的分布和丰度。实际应用中，可在动物组织切片上原位检测 mRNA 的分布和丰度。

本实验采用地高辛标记的原位杂交技术，以小鼠胚胎为实验材料，以实现检测动物组织内 mRNA 的分布和丰度的目的。

技术视频
10 分 30 秒

实验指导

刘佳利　潘吉荣　崔　胜　周豆豆
中国农业大学生物学院

3.2 利用同源重组定向敲除基因技术

基因敲除(gene knockout)是20世纪80年代末发展起来的一种新型分子生物学技术,它通过一定的途径使机体特定的基因失活或缺失。通常意义上的基因敲除主要是应用DNA同源重组原理,用设计的同源片段替代靶基因片段,从而达到基因敲除的目的。随着基因敲除技术的发展,除了同源重组外,新的原理和技术也逐渐被应用,比较成功的有基因的插入突变和RNA干扰(RNAi),它们同样可以达到基因敲除或基因沉默的目的。

同源重组几乎存在于所有的生物体中,是染色体之间进行遗传信息交换的方式之一。同源重组要求两个DNA分子的序列同源,同源区越长越有利于重组;同源区太短,则难以发生重组。不同生物同源重组所需同源区的长短不同:大肠杆菌要求20~40 bp的核苷酸序列是相同的;粗糙脉孢菌则要求600~1 000 bp的相同核苷酸序列。

粗糙脉孢菌的单倍体细胞含有7条染色体,其菌丝和大分生孢子通常为多核,小分生孢子为单核。用本实验中的条件培养,其无性世代中大分生孢子和小分生孢子两者都有。粗糙脉孢菌的全基因组已经测序完毕,并已有数据库可供查询。

本实验以粗糙脉孢菌为材料,利用同源重组的原理,用抗性筛选基因*hph*(潮霉素抗性)去替代基因组中的

al–1(图 3–1),构建 *al–1* 基因的缺失突变体。*al–1* 是类胡萝卜素合成基因,它在粗糙脉孢菌基因组数据库中的基因号为 NCU00552。由于类胡萝卜素的存在,野生型粗糙脉孢菌的菌丝和分生孢子均呈现橙黄色;而在 *al–1* 缺失突变体中,由于类胡萝卜素不能产生,菌丝和分生孢子均呈现白色。

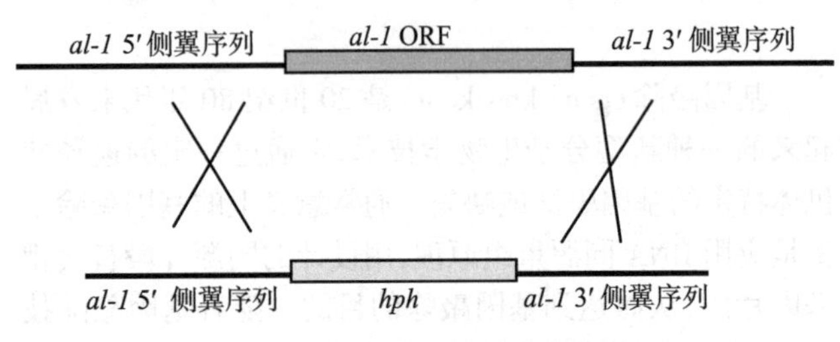

图 3–1　*al-1* 同源双交换原理示意图

ORF:开放阅读框

al–1 基因敲除的具体策略是:从野生型粗糙脉孢菌基因组上 PCR 扩增出 *al–1* 开放阅读框上、下游的一段序列(长 600 ~ 1 000 bp,分别称为 5′ 侧翼序列和 3′ 侧翼序列),将这两段序列分别与潮霉素抗性基因 *hph* 相连接,得到 5′ 侧翼序列 + *hph* 的连接产物和 3′ 侧翼序列 + *hph* 的连接产物。将这两种连接产物一起转化粗糙脉孢菌,就能通过同源重组敲除掉 *al–1* 基因,并引入潮霉素抗性基因 *hph*(图 3–2)。含 *hph* 的 DNA 片段可以从质粒 pCSN44 上酶切获得(图 3–3)。

用电穿孔法转化粗糙脉孢菌 Ku70 菌株(为 Ku70 蛋白功能丧失的菌株。由于 Ku70 蛋白在双链断裂的 DNA 修复中起重要的促进作用,故 Ku70 功能丧失的菌株较易发生 DNA 重组,提高了同源重组的效率)的分生孢子,将有部分孢子接受并整合了 *hph* + 侧翼序列片段。用添

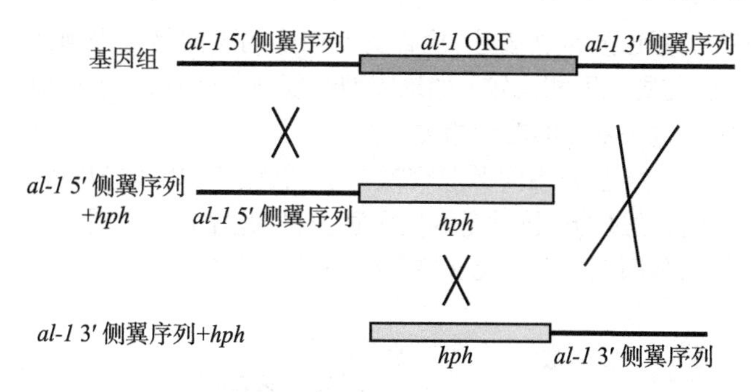

图 3–2　*al-1* 基因敲除策略

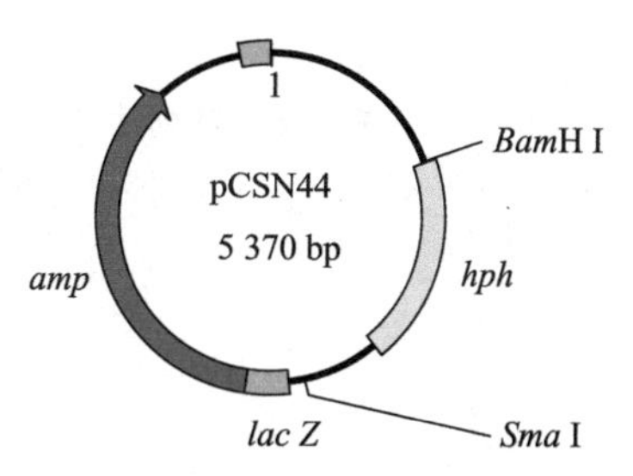

图 3–3　质粒 pCSN44 示意图

加潮霉素的平板筛选重组子，再在添加潮霉素的斜面上传代 4 次，每次接种尽可能少的分生孢子，这样传代 4 次后一般认为可以达到纯合体状态。然后提取重组子的基因组 DNA，做 Southern 鉴定或 PCR 鉴定，以确定 *hph* 基因已整合到基因组上，而 *al–1* 基因已不在基因组中，这样方可证明 *al–1* 基因已经缺失。

通常，缺失突变会造成一定的表型，从其表型可以初步推测此基因编码的蛋白质在生物体内的功能，因此，基因敲除成为研究基因和蛋白质功能的一种重要手段。但是为了确定这个表型是由于目的基因的缺失导致的，还需要做遗传互补实验。互补实验通过构建此基因的表达载体，并将此表达载体转化相同基因的缺失突变体，使缺失的蛋白质重新表达，检查突变产生的表型是否得到恢复（与野生型相比较），如果表型恢复，则证明这一表型确实与这一基因的功能相关。

本实验采用同源双交换技术，以粗糙脉胞菌为实验材料，通过 *hph* 抗性基因同源替换目的基因，以实现敲除目的基因获得缺失突变体菌株的目的。

技术视频

14 分 50 秒

实验指导

王　颖　陈慧洁　王　磊　齐少华

中国农业大学生物学院

3.3 利用氯化铯密度梯度离心法纯化质粒

密度梯度离心是一种离心技术,可以将质量差异微小的分子分开。不同颗粒之间存在沉降系数差时,在一定离心力作用下,颗粒各自以一定速度沉降,在密度梯度不同区域上形成区带。氯化铯溶液在大于100 000 *g* 离心力的作用下,CsCl 盐分子被甩到离心管底部。扩散力使溶液中 Cs^+ 和 Cl^- 呈分散状态,与离心力的方向相反。反向扩散力与沉降力之间的平衡作用,产生了一个连续的 CsCl 浓度梯度,离心管底部溶液的密度最大,上部最小。DNA 分子溶于 CsCl 溶液中,经过离心,将逐渐集中在一条狭窄的区带上。区带内 DNA 分子密度与该处 CsCl 密度相等,闭环质粒 DNA 与开环质粒 DNA 的分离取决于溴化乙锭的掺入量。

就密度梯度的形式而言,可分为两类,即连续密度梯度离心和不连续密度梯度离心:①连续 CsCl 梯度离心法。单一浓度的 CsCl 溶液在离心力作用下形成连续 CsCl 梯度。使用固定角度的转头离心,梯度形成时间大于10 h。②不连续 CsCl 梯度离心法。CsCl 溶液在离心管中按三种不同浓度分层排布,经离心,CsCl 梯度形成更快,使用固定角度的转头离心,时间可以缩短至6 h。两种方法的区别为:前者梯度形成时间较长,但是纯化的质粒纯度较好;后者时间较短,但是分离闭环质粒 DNA 与染色体及开环质粒 DNA 的效果不如前者。

实验室经常使用连续密度梯度法进行质粒纯化。溴化乙锭与粗制质粒 DNA 与密度约为 1.55 g/mL 的 CsCl 溶液混匀。高速离心力产生并维持 CsCl 梯度。在连续梯度形成过程中,不同密度的 DNA 进入与之相同密度的 CsCl 层。

在使用连续密度梯度法纯化质粒的过程中可能出现以下问题:小片段 DNA 或 RNA 需要更长的时间才能在 CsCl 密度梯度中达到平衡。所以当质粒 DNA 达到平衡时,前者仍在不同梯度中均匀分布,对质粒 DNA 造成污染。

可以选择的解决办法有:①进行第二轮 CsCl 密度梯度离心。②使用商品化的树脂层析法。

在实验过程中,利用氯化铯密度梯度离心法纯化的质粒 DNA 主要有以下几个方面应用:①获得大量质粒 DNA,用于制备 DNA 文库。②转化拟南芥叶片原生质体,研究蛋白质 – 蛋白质相互作用。③转化拟南芥叶片原生质体,研究蛋白质的亚细胞定位。④基因枪法转化洋葱表皮细胞,研究蛋白质的亚细胞定位等。

本实验采用氯化铯密度梯度离心技术,以粗制质粒 DNA 为实验材料,以实现纯化质粒 DNA 为目的。

技术视频

17 分 35 秒

实验指导

杨永青　王重伍　周华鹏

中国农业大学生物学院

3.4 mRNA降解动态分析实验技术

植物体内mRNA处于持续不断的合成和降解过程中。虫草素(cordycepin)是腺苷的类似物,能够抑制RNA的合成。用适当浓度的虫草素处理植物幼苗,将会使mRNA的合成停止,已经存在的mRNA将根据其半衰期降解。在虫草素处理后间隔不同时间取样,提取RNA,反转录成cDNA并进行实时定量PCR实验分析,结果会显示出mRNA在不同时间点的降解情况,从而可了解不同mRNA的降解动态及半衰期。

在进行与mRNA降解有关的基因功能的研究中,可以通过上述实验比较突变体和野生型中某些mRNA的降解动态,确定突变基因是在转录水平还是在转录后水平调节这些mRNA的水平。

本实验旨在研究拟南芥外切体(exosome)组分RRP41L突变对ABA信号途径组分ABI4的mRNA降解的影响,采用实时荧光定量PCR技术,以拟南芥幼苗为实验材料,以实现检测mRNA降解动态为目的。

技术视频

11分13秒

实验指导

韩玉珍　杨　敏　闫春霞

中国农业大学生物学院

3.5 利用 DNA 印迹方法验证转基因阳性小鼠

Southern 印迹杂交技术是 1975 年由英国爱丁堡大学的 E. M. Southern 首创的，因此而得名。该技术是研究 DNA 图谱的基本技术，在遗传病诊断、DNA 图谱分析等方面具有重要的应用价值。其基本原理是：具有一定同源性的两条核酸单链在一定的条件下，可按碱基互补配对的原则形成双链，此杂交过程是高度特异的。由于核酸分子的高度特异性及检测方法的灵敏性，综合凝胶电泳和核酸限制性内切酶分析的结果，便可绘制出 DNA 分子的限制图谱。基本方法是将 DNA 样品用限制性内切酶消化后，经琼脂糖凝胶电泳分离各酶解片段，然后经碱变性，三羟甲基氨基甲烷（Tris）缓冲液中和并在高盐条件下通过毛细作用将 DNA 分子从凝胶中转印至尼龙膜上，固定后即可用于杂交。凝胶中 DNA 片段的相对位置在 DNA 片段转移到滤膜的过程中保持不变，附着在滤膜上的 DNA 与同位素或非同位素标记的探针杂交，利用放射自显影或发光显色来确定与探针互补的目的 DNA 条带的位置，从而可以确定在众多酶切产物中含某一特定序列的 DNA 片段的位置。

地高辛标记技术源于一种从毛地黄类植物（毛地黄和毛花毛地黄）中提取的类固醇（steroid）物质——地高辛（digoxigenin，DIG）（图 3-4），在医学上可用于治疗各种急性和慢性心功能不全及室上性心动过速、心房颤动和扑动等疾病。DIG杂交系统是一套灵敏度高(0.1 pg)、非放射性核酸标记检测体系，DIG通过一个含有11个碳原子的空间臂与尿嘧啶核苷酸上的C5位置相连(图3–4)，可通过随机引物标记(random primer labeling)，缺口平移(nick translation)，PCR，3′端标记加尾或是体外转录制备带有DIG标记的探针。由于这套系统是非放射性核酸标记系统，所以能够大大降低放射性同位素探针标记对人体和环境产生的危害。同时，由于毛地黄植物的花和叶片是地高辛在自然界中的唯一来源，因此抗DIG的抗体不会与其他的生物物质结合，从而可以满足特异性标记的需要。这一点，正是DIG胜于生物素(biotin)的地方——同样是小分子标记物，生物素广泛存在于各种组织中，对于灵敏度很高的标记检测实验来说，样品自身含有的内源生物素，就会对结果产生干扰，地高辛能够很好地避免这个问题。对于DIG标记探针的杂交检测，可选用连接有碱性磷酸酶(alkaline phosphatase)、过氧化物酶(peroxidase)、荧光素(fluorescein)、若丹明(rhodamine)或胶体金(colloidal gold)高亲和性的抗DIG抗体，与相应的底物充分反应来产生荧光或颜色信号。

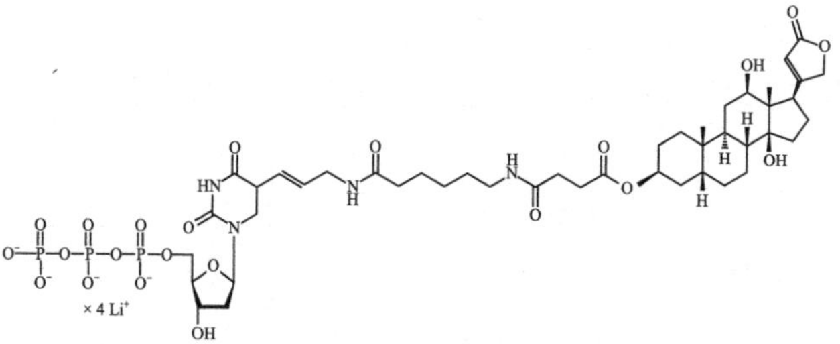

图3–4　DIG-dUTP分子结构

与放射性标记和检测技术相比较，DIG系统具有以下5个优势：①灵敏度高，有些实验的效果甚至可与放射性同位素标记的灵敏度相媲美。②曝光时间短,结果显示时间以分钟计算,无需几小时甚至几天的自显影过程。③安全环保,不接触放射性物质,不会对环境造成污染。④探针可重复使用,最少可以稳定储存一年。⑤可轻松进行探针的拨离和重探。

利用 Southern 印迹杂交技术,我们可以对基因组中的某种基因进行定性和定量分析,还可以通过 DNA 分子的限制性图谱研究基因的多态性和基因突变。近年来,随着动植物转基因技术的快速发展,Southern 印迹杂交技术更是被大量地应用于转基因阳性个体的确定和筛选。

本实验通过 Southern 印迹杂交的方法,利用地高辛标记检测系统验证阳性的转基因小鼠。

技术视频

20 分 49 秒

实验指导

赵要风　杨　志　叶建华　韩滨岳

中国农业大学生物学院

3.6 小分子 RNA 的纯化和分子检测

正单链 RNA 病毒在侵染寄主后，病毒基因组在依赖于 RNA 的 RNA 聚合酶（RNA-dependent RNA polymerase，RdRp）的作用下形成双链 RNA（double-stranded RNA，dsRNA）中间体，dsRNA 中间体会被寄主的免疫系统识别，继而被寄主 *Rde-1* 基因编码的 Dicer 蛋白所切割，形成 21 ~ 25 nt 的双链小 RNA（double-stranded small RNA，ds-sRNA）。该 ds-sRNA 能进一步被寄主的 AGO 蛋白所识别，组装成 RISC（RNA-induced silencing complex）复合物。此复合物能以 ATP 为能量，释放 ds-sRNA 中的一条链，形成成熟的 RISC 复合物；该成熟的 RISC 复合物中的单链 sRNA（single-stranded small RNA，ssRNA）通过碱基配对，靶向定位病毒基因组的 RNA，并进行切割。此过程属于寄主抵御病毒侵染的一种免疫反应。

常见的 ssRNA 的种类包括小干扰 RNA（siRNA）、微 RNA（miRNA）等。本实验采用 Northern 杂交技术检测病毒侵染宿主中的 siRNA。

Northern 杂交检测 siRNA 的原理：将待提取的 RNA 通过变性的聚丙烯酰胺凝胶电泳进行分离，通过电转移法将凝胶中的 siRNA 转移到尼龙膜上，固定后再与同位素或其他标记物（如 DIG）标记的 DNA 或 RNA 探针进行反应。如果待测物含有与探针互补的序列，则两者通过碱基互补配对原则进行结合。洗涤去掉游离探针后，用放射性自显影或者化学底物发光来检测相应的 siRNA。

本实验采用 Northern 杂交技术，以感染甜菜黑色焦枯病毒(Beet black scorch virus，BBSV)的本生烟(*Nicotiana benthamiana*)为材料，对感染叶片中 BBSV 来源的 siRNA 进行检测。本实验不仅可加深对植物抗病毒免疫过程中 siRNA 产生原理的理解，也可为检测植物中其他类型的 siRNA(如 miRNA 等)提供技术参考。

技术视频
26 分 47 秒

实验指导

张永亮　李文莉
中国农业大学生物学院

4 分子互作

4.1 利用 Pull-down 技术分析蛋白质间的相互作用

蛋白质是细胞内各种基本功能的主要完成者，不同蛋白质之间通过相互作用参与许多重要的生命活动。因此，对蛋白质相互作用的深入研究是认识和理解各种生命现象的必要前提。Pull-down 技术是一种在体外条件下研究两种或多种蛋白质相互作用的方法，已成为生物学研究中重要的分析方法之一。

Pull-down 技术的作用原理如图 4-1 所示。运用凝胶亲和层析技术，将带有标签（如 GST、His、HA、Myc 等）的诱饵蛋白（bait protein）固定在相应的凝胶上，去除过量的蛋白质（步骤一、二）。将诱饵蛋白与细胞裂解液在特定条件下孵育，使能够与诱饵蛋白相互作用的猎物蛋

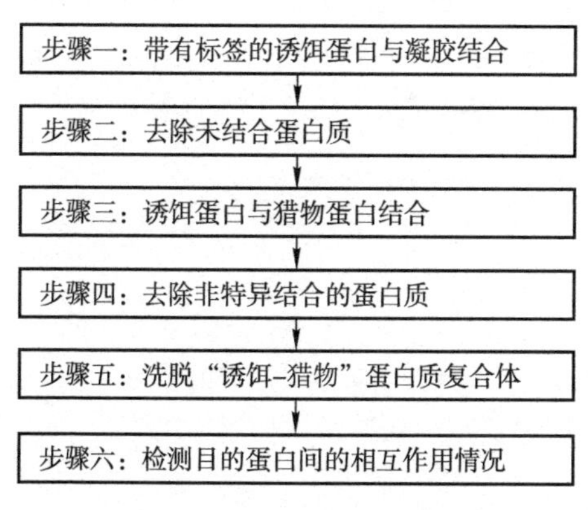

图 4-1 Pull-down 技术流程图

白(prey protein)与之结合(步骤三),并去除非特异结合的蛋白质(步骤四)。通过洗脱作用将诱饵蛋白及其互作蛋白从亲和凝胶上洗脱下来(步骤五),经 SDS-PAGE 分离,使用猎物蛋白的抗体利用 Western blotting 检测等方法检测互作蛋白(步骤六)。

Pull-down 技术可用以确定诱饵蛋白与推测的猎物蛋白或已纯化的相关蛋白间的相互作用关系,也可用于从细胞裂解液中筛选出未知的与诱饵蛋白相互作用的蛋白质。

本实验中使用融合有 His 标签的 A 蛋白(His-A)作为诱饵蛋白,从拟南芥总蛋白中"Pull down"与之存在相互作用关系的 B 蛋白。

李 媛
中国农业大学生物学院

4.2 酵母双杂交验证蛋白质间的相互作用

在生物体内,绝大多数的蛋白质行使生物功能时往往不是单独出现的,错综复杂的蛋白质相互作用是细胞各种生命活动的基础,因此研究未知蛋白质功能的常见策略之一便是先寻找与该蛋白质有相互作用的蛋白质,酵母双杂交技术则为我们提供了这样一种手段。

1. 酵母双杂交实验原理

酵母双杂交的原理基于对酵母转录因子 GAL4 的研究。很多真核生物的转录激活因子通常具有两个可分割开的结构域,即 DNA 结合域(DNA-binding domain,BD)与转录激活域(transcriptional activation domain,AD)。这两个结构域各具功能,互不影响。但一个完整的能够激活特定基因表达的转录因子必须同时含有这两个结构域,否则无法完成激活功能。将 GAL4 的 AD 和 BD 单独表达时不能激活转录反应,但是如果两者非常接近时便可以形成一个完整的转录因子,启动下游基因的表达。将这个原理应用于酵母双杂过程中,我们将感兴趣的蛋白 A 序列与 GAL4 的 BD 构建到同一个载体,形成诱饵蛋白,蛋白 B 的序列与 GAL4 的 AD 构建到同一个载体,形成猎物蛋白。将这两个融合蛋白表达于同一个酵母细胞中,如果两个感兴趣蛋白质间能发生相互作用,就会使 AD 与 BD 在空间上十分接近,从而形成一个完整的转录激活因子并激活相应的报告基因表达。我们就可以通过对报告基因的检测来验证 A 和 B 之间是否发生了相互作用(图 4–2)。

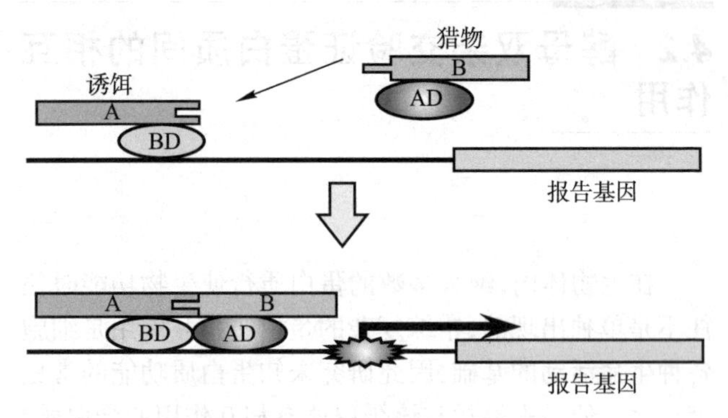

图 4–2　酵母双杂原理示意图

2. 酵母双杂交技术的应用

酵母双杂交作为分析蛋白质之间相互作用的有效的研究体系,已被广泛应用于分子生物学的各个领域中。主要应用在以下几个方面:①对其他方法发现的蛋白质之间可能存在的相互作用加以验证。在确定两蛋白质存在相互作用后,再对所研究的蛋白质做一系列缺失突变处理,通过缺失掉不同片段以精确地定位蛋白质中起关键作用的功能域。②筛选文库以得到与已知蛋白质存在特异相互作用的候选蛋白质,从而发现蛋白质的新功能。从 cDNA 文库中寻找与已知蛋白质相互作用的未知蛋白质就是双杂交系统最为重要的用途。③在蛋白质组学研究中的应用,还可利用酵母双杂交建立基因组蛋白质连锁图谱(genome protein linkage map)。该系统在蛋白质组研究上的应用才刚起步,尝试较多,具有很大的分析鉴定细胞内复杂的蛋白质相互作用方面的潜力。④研究细胞信号转导,酵母双杂交系统在信号转导研究中能较全面真实地反映细胞内信号蛋白的网络性联系与调节,故有重要的应用价值。选择不同的细胞代谢或信号转导途径为出发点，通过类似的双杂交实验也有可能建立酵母细胞完整的蛋白质联系图谱。本实验中使用的是传统的 GAL4 系统来验证拟南芥中两个已知蛋白质 BON1 和 BAP1 的互作。

本实验采用酵母双杂交技术，以在酵母体系中实现鉴定蛋白质间互作为目的。

技术视频

12 分 50 秒

实验指导

张晓燕　丁杨林　孟　培

中国农业大学生物学院

4.3 蛋白质凝胶阻滞实验技术（化学发光法）

凝胶阻滞或电泳迁移率实验技术（electrophoretic mobility shift assay，EMSA）是一种在体外条件下研究 DNA 结合蛋白与特定 DNA 序列是否能够相互结合的技术，广泛应用于验证某个具有转录因子特征的蛋白质是否能与特定的 DNA 靶序列相结合，可进行定性和定量分析。现在也应用于研究RNA结合蛋白和特定的RNA序列的相互作用。

EMSA 实验原理是：将原核表达并纯化后的目的蛋白或细胞粗提液与标记的 DNA 或 RNA 探针共同孵育，在非变性的聚丙烯凝胶电泳上，分离复合物和非特异结合的探针。如果蛋白质与 DNA 能够相互结合形成稳定的复合物，则在同样电压条件下，DNA- 蛋白质复合物的迁移速率会降低，与非结合的自由探针相互分离。

本实验采用化学发光法进行蛋白质凝胶迁移实验技术，以拟南芥原核表达并纯化后的目的蛋白 NDX 为实验材料，以实现研究分析 DNA–NDX 蛋白复合物的迁移率为目的。

技术视频

13 分 20 秒

实验指导

陈智忠　段　颖

中国农业大学生物学院

4.4 利用双分子荧光互补技术验证蛋白质间的相互作用

双分子荧光互补(bimolecular fluorescence complementation,BiFC)分析技术,是由 Hu 等在 2002 年最先报道的一种直观、快速地判断目标蛋白在活细胞中的定位和相互作用的新技术。

1. 双分子荧光互补实验原理

该技术巧妙地将荧光蛋白分子(如绿色荧光蛋白、黄色荧光蛋白等)的两个片段——N 端序列和 C 端序列分别与目标蛋白融合表达,如果荧光蛋白活性恢复而发出荧光,则表明两目标蛋白发生了相互作用。其后发展出的多色荧光互补技术(multicolor BiFC),不仅能同时检测到多种蛋白质复合体的形成,还能够对不同蛋白质间产生相互作用的强弱进行比较。在实验中,我们将目标蛋白 VN(本实验以 BON1 为例)的序列与黄色荧光蛋白(YFP)的 N 端序列(N)构建到同一个载体,另一目标蛋白 CC(本实验以 BIR1 为例)的序列与 YFP 的 C 端序列(C)构建到同一个载体。将这两个融合蛋白表达于同一个原生质体细胞中,如果两个目标蛋白间能发生相互作用,就会使 YFP 的两端在空间上十分接近,形成一个完整的 YFP 蛋白。我们可以通过荧光信号验证 VN 和 CC 之间是否发生了相互作用(图 4–3)。

2. BiFC 技术的应用

迄今各种 BiFC 系统已经被成功用于多种蛋白质的

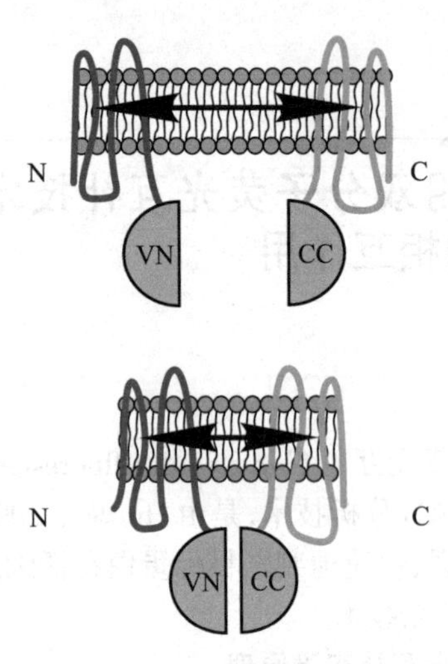

图 4-3 BiFC 原理示意图

相互作用，包括体外、病毒、大肠杆菌、酵母细胞、丝状真菌、哺乳动物细胞、植物细胞，甚至个体水平的蛋白质之间相互作用研究。BiFC 也已经用于细胞内多个蛋白质之间的相互作用。不同颜色的双分子互补系统共用可以检测体内两组或多组的蛋白质相互作用，而 BiFC-FRET 联用可以实现三个蛋白质之间的相互作用。BiFC 也被用于筛选相互作用的目标蛋白以及研究蛋白质构象的变化。Jeong 等将绿色荧光蛋白（GFP）的两个片段连接到麦芽糖结合蛋白（maltose binding protein，MBP）的 N 端和 C 端。当没有麦芽糖存在时，两个荧光片段相距较远，不能形成片段互补，而当加入麦芽糖时，MBP 构象发生改变，铰链区域彼此缠绕，将 MBP 末端的两个 GFP 片段拉近，重新形成具活性的 GFP 蛋白，通过检测 GFP 荧光的变化，考察 MBP 的构象变化。

本实验采用双分子荧光互补技术，以拟南芥幼苗为实验材料，利用原生质体转化瞬时表达系统，瞬时表达

BON1-YFP^N 融合蛋白和 BIR1-YFP^C 融合蛋白，利用 BiFC 的方法验证两者在拟南芥体内的相互作用，以判断目标蛋白在活细胞中的定位和相互作用。

技术视频

19 分 55 秒

实验指导

张晓燕　包　菲　刘静研

中国农业大学生物学院

4.5 染色质免疫沉淀技术

染色质免疫沉淀技术(chromatin immunoprecipitation, ChIP)是研究体内蛋白质和DNA相互作用的一种有效实验方法,通过该技术可以验证目的蛋白在活体细胞中与DNA是否相互结合,以及相关组蛋白某些位点的修饰情况。其实验原理为:在生理状态下把细胞内的DNA与蛋白质交联在一起,对细胞进行固定;通过超声波或酶解的方法使得染色体破碎成小片段;利用抗原抗体的特异性识别反应,将与目的蛋白相结合的DNA片段沉淀下来,进行定量检测。

本实验采用染色质免疫沉淀技术,以拟南芥野生型幼苗和H3K4二甲基化相关突变体幼苗为实验材料,以实现比较分析两者的H3K4二甲基化修饰水平的目的。

技术视频

17 分 30 秒

实验指导

陈智忠　刘　倩　张吉祥

中国农业大学生物学院

4.6 利用凝胶阻滞实验(EMSA)分析蛋白质与DNA底物的结合特性

凝胶阻滞实验(electrophoretic mobility shift assay, EMSA),是一种研究蛋白质和核酸相互作用的技术。蛋白质与放射性标记的探针结合后,形成的复合物在非变性聚丙烯酰胺凝胶电泳中的迁移率比自由探针的迁移率大大降低,表现为条带滞后。

凝胶阻滞实验具有简单、快捷、灵敏等优点,可用于检测DNA结合蛋白、RNA结合蛋白,并可通过加入特异性的抗体来进一步确定阻滞条带所结合的蛋白质。结合定点突变技术,还可以用来研究蛋白质结合核酸的关键位点。

本实验先合成不同序列的寡核苷酸(20 ~ 60 bp),然后制备成不同结构的DNA底物,如单链DNA、双链DNA、Y形DNA及DNA盖子结构(DNA flap)等(图4-4)。将纯化好的蛋白质与不同结构的DNA底物共孵育,然后进行非变性聚丙烯酰胺凝胶电泳,放射自显影后即观察到目标蛋白与不同结构底物的结合情况,从而分析该蛋白质对底物DNA的选择性。

为了研究目标蛋白不同部位对DNA的结合能力,可以利用分子生物学的手段得到目标蛋白全长及不同大小的片段,同时进行实验。

为了获得准确的实验结果,在得到初步结果后,还应该在蛋白质 – 核酸混合液中分别加入不同浓度的“竞争

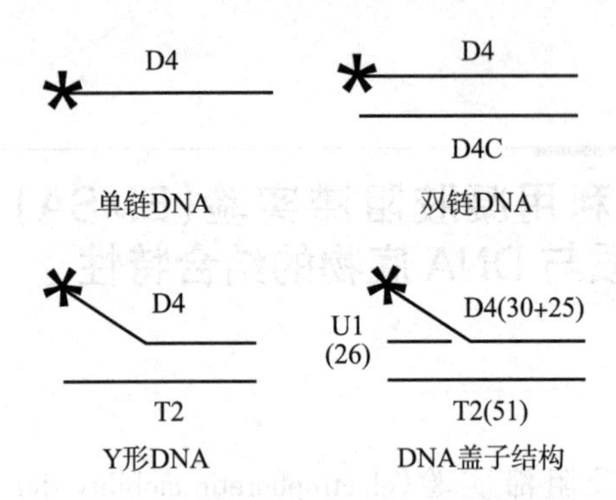

图 4–4　不同结构的 DNA 底物示意图

"*"表示放射性标记，D4、D4C、T2、U1 表示不同序列的寡核苷酸链，括号内数字表示核苷酸数

剂"（competitor）。竞争剂与探针序列相同，但没有放射性标记。如果被检测的放射性滞后条带随"竞争剂"浓度增加而逐渐减弱，说明蛋白质和探针之间的结合是特异的。

本实验采用凝胶阻滞实验技术，检测不同结构的 DNA 底物与目标蛋白的结合情况。

曹勤红　张忠鑫　楼慧强
中国农业大学生物学院

4.7 利用酵母单杂交体系检测转录因子与 DNA 顺式作用元件间的互作

酵母单杂交(yeast one-hybrid)的基本原理是 DNA 结合域(binding domain,BD)与 DNA 顺式作用元件结合后,与之融合的激活域(activation domain,AD)能够激活报告基因的表达。从而,通过检测报告基因是否表达(以及表达水平的高低),可以对转录因子的结合和激活活性进行多方面的研究,包括:①筛选能够结合某段 DNA 序列的转录因子;②鉴定转录因子是否具有转录激活活性(以及鉴定激活域);③寻找转录因子在靶基因启动子上的结合位点。

常用的酵母转化方法有两种:热激法转化和电击法转化。本实验采用聚乙二醇(PEG)/醋酸锂(LiAc)介导的热激法转化。该方法是利用碱性的锂离子改变细胞膜的通透性,形成短暂的感受状态,容易吸收外源 DNA,但会对细胞膜产生一定的损伤。质粒 DNA 黏附在细胞表面,经过 42℃热激处理后进入细胞。本实验采用酵母 EGY48 菌株,转化后的酵母细胞在营养缺陷型培养基上进行筛选。

此方法具有培养条件简单、能够鉴定 ChIP 难以检测到的低丰度或组织特异表达的转录因子与 DNA 的结合、能够同时鉴定结合某个目标 DNA 片段上的多个转录因子(以基因为中心)、能用来鉴定转录因子的具体结合位点、能用来鉴定新类型的转录因子等优点。

技术视频

15 分 10 秒

实验指导

李继刚　王美娇

中国农业大学生物学院

5 其他技术

5.1 发酵法制备生物塑料——聚羟基烷酸

聚羟基(链)烷酸(酯)(PHA)是一类长链状聚酯类大分子化合物,它们可以是同聚物也可以是共聚物,其单体为含有 3 ~ 16 个碳原子并带有羟基的羧酸。在自然界中,PHA 是原核生物细胞内碳源和能源的贮藏颗粒。当环境中碳源丰富而其他营养成分相对匮乏时,许多细菌都能积累大量的 PHA,其中以 3- 羟基丁酸(3-HB 或 *β*-HB)的同聚物——聚 -*β*- 羟基丁酸(酯)[PHB 或称 P(3HB)]最为常见。

在有关 PHA 产生菌的研究工作中,以对钩虫贪铜菌(*Cupriavidus necator*)(旧称真养产碱杆菌 *Alcaligenes eutrophus*、富养罗尔斯通氏菌 *Ralstonia eutropha*、富养沃特氏菌 *Wautersia eutropha* 等)的研究最为深入。该菌合成 PHB 的途径由三步反应构成(图 5-1),催化这三个反应的酶依次为 *β*- 酮硫解酶(PhbA)、乙酰乙酰辅酶 A 还原酶(PhbB)、PHB 合成酶(PhbC)。它们的基因在染色体上形成一个操纵子(*phbCAB* operon)(图 5-2)。

$$2\times\text{乙酰 CoA}\xrightarrow[\text{CoA}]{\text{PhbA}}\text{乙酰乙酰 CoA}\xrightarrow[\text{NADPH+H}^+\ \ \text{NADP}]{\text{PhbB}}\beta\text{-羟基丁酰 CoA}\xrightarrow{\text{PhbC}}\text{PHB}$$

图 5-1　钩虫贪铜菌中 PHB 的合成途径

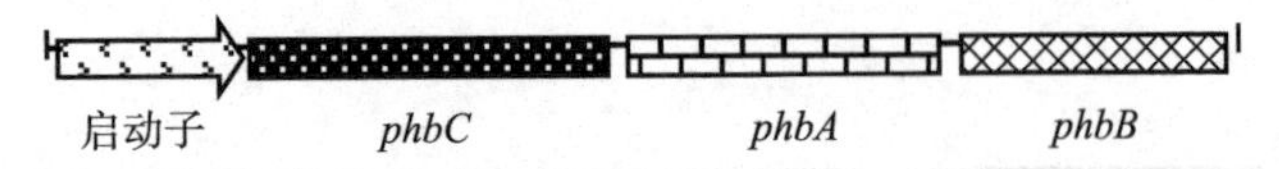

图 5-2 钩虫贪铜菌的 *phbCAB* 操纵子示意图

1962 年 Baptist 首先提出,PHA 具有热可塑性,是一种可塑性材料。与化工合成的传统塑料相比,PHA 具有诸多优良特性,如在自然环境中可被彻底降解、具有良好的生物相容性、具有压电效应、对紫外辐射有一定抗性、气体分子不易通过等,因而在环境保护、医用材料、食品包装等方面预计会有广阔的应用前景。此外,PHA 的生产采用的原料是可再生的物质,如糖类等,为替代能源的塑料生产提供了一条新的途径。

1976 年,由于国际石油价格连年上涨,英国帝国化学工业公司(ICI)开始了用钩虫贪铜菌发酵生产 PHB 的研究,以期能部分代替合成塑料。此后虽然国际油价回落,但 PHB 塑料的特点却吸引了更多的科学家,许多国家(包括我国在内)也相继投入了大量的人力、物力进行 PHB 塑料的研制和开发工作。由于纯的 PHB 质地硬且脆,加工困难,于是人们又在钩虫贪铜菌的培养基中加入丙酸或戊酸等前体物质,合成出了 3- 羟基丁酸(3-HB)与 3- 羟基戊酸(3-HV)的共聚物 P(3-HB-co-3-HV),该共聚物容易加工,且随着 3-HV 在共聚物中比例的不同,可形成多种物理性能的一系列产物,大大拓宽了 PHA 的应用范围。

目前,有关 PHA 的研究主要集中在降低生产成本、合成新型的 PHA 和开发 PHA 的用途等方面。其中降低成本的努力又可分为四种途径,即改造高产菌株、构建重组菌株、构建转基因植物,以及利用廉价碳源。

本实验采用发酵技术制备 PHB 和 P(3-HB-co-3-HV),以一株重组大肠杆菌为生产菌种,用国际上普遍采用的毛细管柱气相色谱法测定 PHA 在菌体中的含量，用经典的有机溶剂法提纯产物，使学生对 PHA 的研究和生产方法有一个初步的了解。

技术视频

15 分 22 秒

田杰生　文　莹

中国农业大学生物学院

5.2 代谢组学样品的制备与分析

代谢组学是效仿基因组学和蛋白质组学的研究思想，对生物体内所有代谢物进行定性、定量分析，寻找代谢物与生理病理变化的相对关系的研究方式，是系统生物学的组成部分。人体内已经发现和鉴定的代谢产物有2 000多种，大都是分子量小于1 000的小分子物质。由于代谢产物组成复杂，分布范围广，需要使用高效灵敏的分离和检测技术，才能实现对复杂样品的完整分析。实验产生的大量数据，则需要多维统计分析方法来进行比较、归类和分析。

液相色谱－质谱联用技术是代谢组学研究中常使用的方法之一。极性不同的化合物在色谱柱上表现出不同的保留时间特性，对于反相色谱，通过逐步提高流动相的洗脱能力，可以将不同代谢产物按照极性由高到低的顺序，依次从色谱柱中洗脱出来。用液相色谱分析复杂混合物时，极性接近的化合物可能会在同一时间从色谱柱中流出。经液相色谱分离的洗脱液通过电喷雾接口进入质谱仪进行分析。为进一步提高液相色谱－质谱联用技术对复杂混合物的解析能力，通常使用分辨率较高的飞行时间质谱（time-of-flight mass spectrometer，TOF MS），TOF MS的分辨率可达20 000～60 000。飞行时间质谱不仅具有较高的分辨率，还有较高的检测灵敏度，可以检测到样品中ng甚至pg级含量的痕量组分。

代谢组学进行的是非靶标分析，与常规的靶标分析相比，需要进行更多次平行实验，每组样品包含 6 ~ 10 个重复，最后获得的大量原始数据需要使用统计学手段进行分析，寻找在不同样品或处理组中差异较大的代谢产物，并确定其在代谢通路中的作用。

本实验使用甲醇或乙腈等有机溶剂作为浸提液，将血浆或食糜中的小分子代谢产物提取到浸提液中。甲醇和乙腈还能有效沉淀样品中的蛋白质，消除蛋白质对代谢产物分析检测的影响。提取后的样品经过高速离心除去蛋白质，就可以使用液相色谱 - 质谱联用进行分析。

图 5–3 是典型的总离子色谱图，其横轴为色谱保留时间，纵轴为质谱仪上检测到的总离子强度。将保留时间在 6.623 ~ 6.880 min 之间的离子从色谱图中提取出来，就可以获得图 5–3 中的典型的质谱图。从质谱图中可以看到质荷比为 271.060 1、464.283 4、773.346 4 和 966.430 7 的离子信号强度比较高。

本实验使用基于液相色谱 - 质谱联用技术的代谢组学实验方法，研究人血浆和鸡回肠食糜中代谢产物组成和浓度的差异变化情况。

技术视频

12 分 30 秒

实验指导

李　溱　曹晶晶

中国农业大学生物学院

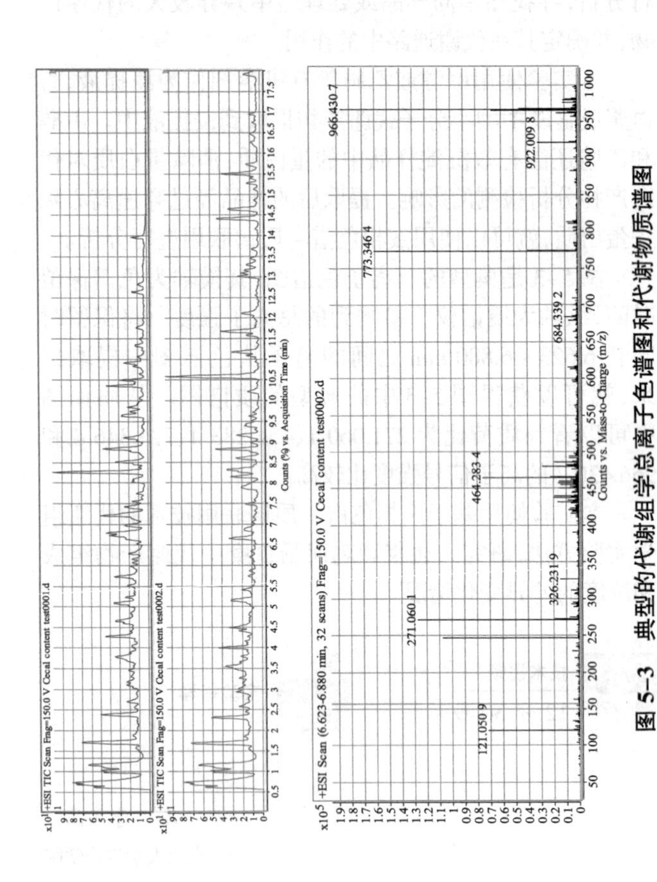

图 5-3 典型的代谢组学总离子色谱图和代谢物质谱图

5.3 玉米苗期干旱表型分析

玉米是重要的粮食作物和饲料原料,其产量直接关系着粮食安全与畜牧业的健康发展。玉米具有生物产量高、长势快的特性,其生长发育需要大量水分,因此玉米又是对水分胁迫较为敏感的作物。尽管玉米种植面积和产量取得了突飞猛进的增长,但是干旱对玉米生产的威胁仍是一个最严重的世界性问题。开展玉米耐旱机制研究、克隆抗旱基因并应用于玉米育种是解决干旱威胁的有效途径。

耐旱性是植物在长期演化过程中为抵抗和适应干旱所形成的生理特性,属于复杂数量性状。不同地理来源的玉米材料间耐旱性存在较大差异。按研究性状可以分为 3 个方面:①极端干旱下的苗期存活率。②产量相关的性状,例如散粉时间、吐丝时间、散粉吐丝间隔和产量等。③根部相关性状,例如根干重、根长度和根体积等。

通过对不同玉米材料的耐旱性鉴定,为挖掘玉米抗旱基因奠定基础。玉米耐旱性鉴定方法主要有盆栽法、旱棚法、田间直接鉴定法和渗透调节物质模拟环境法。盆栽法是让玉米幼苗先正常生长一段时间,再停水进行干旱处理。两组玉米材料有明显的差异时进行复水,复水 6 天后统计存活率,存活率是存活株数占种植株数的百分比(%)。此法适合玉米个体间耐旱性的比较,结果可靠且重复性强。若是玉米群体,可以根据群体的大小,通过旱棚法鉴定苗期存活率。旱棚法是基于盆栽法的干旱方式,并由个体间的比较推广到玉米群体上的耐旱鉴定。由于两种方法均是苗期停水干旱处理、表型差异明显时再复水,反映了玉米干旱耐受性和旱害恢复能力,接近田间实际情况,同时克服了自然环境对实验的影响,因此在玉米抗旱研究中得到广泛应用。

本实验采用盆栽法和旱棚法的干旱处理技术,以不同地理来源的玉米种子为实验材料,以实现通过苗期停水干旱处理、表型差异明显时再复水的方式,获得不同玉米材料耐旱性的目的。

技术视频

11 分 23 秒

实验指导

刘升学　杨世平　常淑杰

中国农业大学生物学院